大学入試問題集

坂田薫の

有機化学

ポラリス ✦ POLARIS

2

発展レベル

坂田薫 著

JN048579

はじめに

みなさん，こんにちは。

この本を手に取ってくださったとき，みなさんはどのような状況でしょうか。

「有機化学が苦手で演習したい」「有機化学は一通りマスターできたから，定着させるために問題を解きたい」など，さまざまだと思います。

そんな，さまざまな状況のみなさんのお手伝いができる問題集を作りたいと考え，この本を書きました。

有機化学に不安が残っている人も，一通り仕上がっている人も，次のことを意識して問題に取り組んでみましょう。

有機化学

◆各テーマの反応が，きちんと頭に入っているか

1つでも反応が抜けていると，そこで止まってしまい，最後までスムーズに構造決定できないことがあります。

この問題集の解説には，重要な反応がまとめ載せてあります。直接問題に関係ない反応でも，重要なものは載せました。大事な試験の前に，まとめの部分だけ見直すのもよいでしょう。

◆スムーズに解き進めることができるか

何度も問題文を読み直していると，時間が足りなくなってしまいます。基本的に「問題文を読むのは1回だけ」とし，重要な情報は自分でフローチャートにして書き出しましょう。

問題文が読み終わっても構造が決定できていないとき，フローチャートを見直すと，使っていない情報がすぐにわかります。

この本では，各テーマの解説の最後にフローチャートが載っています。ぜひ参考にしてください。

◆分子式から有機化合物を予想できているか

分子式から不飽和度を求めることで，その有機化合物がもつ重要なパーツが予想できます。どんなパーツを持っているのかがわかれば，問題文の流れ

もある程度予想できます。

この問題集では，予想の部分もしっかりと記載してあります。よりスピーディに解きたい人は，ぜひまねをしてください。

高分子化合物

◆モノマーとポリマーが即答できるか✦

モノマーを与えられたらポリマーが答えられる，ポリマーを与えられたらモノマーが答えられるようになっていますか。

最低限の部分が克服できているか，この本のまとめを利用して，徹底しておきましょう。

◆各高分子を構成しているモノマーとしっかり向き合ったか✦

高分子化合物を学ぶとき，高分子化合物ばかりをみてしまう人がいますが，それでは本当の理解につながりません。高分子化合物を構成しているモノマーと，しっかり向き合う必要があります。

例えば，タンパク質を学ぶときは，まず，アミノ酸をしっかり理解するのです。

この問題集では，構成しているモノマーの部分もカバーできるよう，まとめに載せてあります。

◆合成高分子は合成方法に注目する✦

特に，合成過程が単純ではない合成高分子は，「何の目的でその操作が必要なのか」をしっかりと押さえておく必要があります。

この本の解説を通じて，「なんとなく」覚えていた合成方法をきちんと理解しておきましょう。

有機化学や高分子化合物は，どの大学でも必ず出題されます。志望校の有機化学と高分子化合物の大問は完答することを目指して，この本の解説をしっかりと読み込んでください。

みなさんが，自信をもって第一志望の入試に臨めるよう，心から応援しています。

本書の特長

▶ 有機化学は構造決定ができるかどうか

　有機化学の分野では，有機化合物と高分子化合物が出題されます。本書では，とくに狙われやすいテーマを20題厳選しました。そして，有機化学では構造決定ができるかどうかが高得点へのカギを握っていますので，しっかり演習してください。

　構造決定の問題文にヒントがちりばめられており，このヒントをきちんと解読しなければなりません。本書では，著者が普段の講義で行っている構造決定のやり方を構造決定問題「フローチャート」のまとめ方（➡p.8）として掲載しました。構造決定問題が苦手な受験生はここで説明している「手順マニュアル」をまねて解いてみてください。

▶ テーマを学ぶ意義

　この本では，「なぜ，このテーマを学ぶのか」という学習目的を《イントロダクション》で提示しました。目的意識をもつことで実力が強化されますので，ここがきちんとクリアできるようにくり返し演習してください。

▶ 1題の問題をじっくり解く&考える

　この分野の出題傾向として，構造決定だけでなく，知識や計算も問われます。そのため，1つのテーマでしっかり学習できるように，解説には詳しい考え方と解き方を掲載しました。

　また，それぞれの設問で問われた知識や解き方はもちろん，必要な関連知識も◆重要！でまとめました。入試では本書で学んだ内容とよく似た問題が出題されますので，しっかり理解しておきましょう。

▶ 構造決定問題「フローチャート」で再確認

　構造決定が含まれる問題において，解説の最後には著者作成の構造決定問題「フローチャート」を掲載しました。自分で解いたものと見比べて，何が足りなかったのか，どこで間違えたのかをしっかり確認しましょう。

本書の使い方

ステップ1 ▶ **問題にチャレンジ**

　まずは普通に問題に取り組んでください。参考までに,「本番想定時間」を示しましたが,これはあくまで入試直前期 (1月) に目指すものです。まずは時間は気にせず,「最後まで解いてみる」ことを目標に演習しましょう。また,本番で取りたい正解数も同様です。最終的にクリアできるよう,しっかりと演習することが大切です。

ステップ2 ▶ **解説をチェック**

　演習用問題集はどうしても解説が手薄になりがちですが,しっかりとした解説を書きましたので,正解した問題の解説もしっかり読んでください。必ず得るものがあるはずです。

ステップ3 ▶ **復習する**

　一度解いた問題を再度解くことは,本当に大切なことです。本番で解き方を忘れてしまい,後悔することがないようにくり返し演習して,身につけてください。

　また,有機化学では反応過程がたくさんありますので,間違えた反応過程はノートに書き写すなど,覚えるための工夫を行ってください。

▶ **「シリーズ」の各レベルについて**

1　標準レベル

共通テスト,日東駒専などの中堅私大を志望校とする受験生

2　発展レベル　**(本書)**

GMARCH・関関同立・地方中堅国公立大を志望校とする受験生

構造決定問題「フローチャート」のまとめ方

構造決定をスムーズに進めるには，以下のことを意識するとよいでしょう。

- **問題文は 1 回しか読まない。**
  - ⇒ 構造決定は問題文が長いことが多いです。何度も読み返すと時間のロスになるだけでなく，「まだ使っていないデータ」を見落としがちになります。

- **問題文から読み取ったデータをフローチャートにし，それを見ながら構造決定を解き進める。**
  - ⇒ 使っていないデータが一目でわかります。構造が決定できている化合物とそうでない化合物も判別しやすくなります。

以下のポイントをふまえ，手を動かしてフローチャートを書く練習をしていきましょう。

書き出しのポイント

① 分子式からわかる化合物の情報　重要

$$\text{Ⓐ・Ⓑ・Ⓒ}\quad C_{17}H_{16}O_3\ (I_u=10)$$

ここの書き出しが最も重要です。

ほとんどの問題で，最初に分子式を与えられます。その分子式から不飽和度 (I_u) を求め，C 原子数，O 原子数，N 原子数を踏まえ，その化合物がもっている官能基を予想します。

不飽和度（I_u）：その化合物がもつ C＝C 結合または環状構造の数

　　求め方　　分子式 $C_xH_yO_z$ ➡ 不飽和度 $= \dfrac{2x+2-y}{2}$

　　　　　　　分子式 $C_xH_yO_zN_w$ ➡ 不飽和度 $= \dfrac{2(x+w)+2-(y+w)}{2}$

不飽和度を使った予想：

(1)　O 原子×**2** につき $-\underset{\underset{O}{\|}}{C}-O-$ ×**1** 個と予想

　➡ $-\underset{\underset{O}{\|}}{C}-O-$ ×1 につき<u>不飽和度 1</u> を消費する。

(2)　C 原子×**6** につき ⬡ ×**1** 個と予想

　　➡ ⬡ ×1 につき<u>不飽和度 4</u> を消費する。

(3)　残りの C 原子，O 原子，不飽和度より C＝C 結合や環状構造の有無を予想

※N 原子が含まれるときは，N 原子×1，O 原子×1 につき $-\underset{\underset{O}{\|}}{\overset{\overset{}{}}{C}}-\underset{\underset{H}{|}}{N}-$ ×1 個と予想しましょう。

　この予想を踏まえ，考えられる候補を C 骨格と官能基（↑）で書いておくと，与えられたデータにあてはまる構造を見つけやすくなります。

> Ⓐ C 4 つが直線に並んだアルキン
>
> 　C≡C×1 の位置　　C-C-C-C-C　　　C-C-C-C（with branch C）
> 　　　　　　　　　　　　↑　↑　　　　　　↑

　また，最初に不斉炭素原子の情報を与えてくる問題も多いです。忘れないように ＊ をつけてアピールしておきましょう。

　例　Ⓐ＊・Ⓑ・Ⓒ・Ⓓ＊

② 反応に関する情報

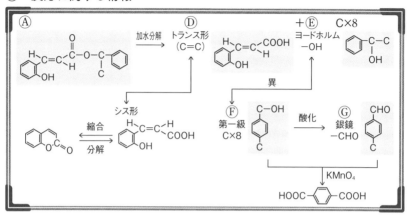

　与えられた反応に関する情報を，流れを含めて書き出します。このとき，「問題文に記されていないデータ」もいっしょに書いておくことが重要です。
　問題文に記されないデータには，以下のようなものがあります。

● **分解反応における C 数のデータ**
　分解反応の前後では C の総数が保存される。C 数のデータを使わなければ分解反応の構造決定は決まらないと言っても過言ではありません。

　[例]　化合物 A ⟶ 化合物 B＋化合物 C
　　　　（C×10）　　（C×7）　　（C×3）

● **分解反応以外における C 骨格のデータ**
　分解反応以外の反応の前後では，C 骨格が保存されます。

　[例]　化合物 A と化合物 B に H_2 を付加させると，同じ化合物 E に変化。
　　➡ A と E は同じ C 骨格，B と E も同じ C 骨格。すなわち A と B は C 骨格が同じである。

```
C骨格 ↗ Ⓐ C-C-C=C-C   H₂
同じ  ↘ Ⓑ C-C-C-C=C   ⟶   Ⓔ C-C-C-C-C
```

　また，構造が決まったら，丸印で囲むなどしてパッとわかるようにしておくとよいでしょう。

それでは，構造決定における重要事項をまとめておきましょう。

◆重要！ 構造決定の重要事項

- **構造決定の進め方**
  問題文を読みながら流れを書き出す（自己流で可）
- **構造が決まらないとき**
  以下の情報は問題文には明記されないため，考え忘れている可能性がある。

  ① 分解反応では，反応前後で C 数が保存される（C 数を書き出したか？）

  ② ①以外の反応では，反応前後で C 骨格が保存される（C 骨格を書いたか？）

  また，小問の中に決定的な情報を与えてくるときもある。構造が決まらないときは，小問を軽く読み流してみよう。

反応を忘れないように，定期的に構造決定の問題を解いておこう。
経験も強みになるため，慣れるまで数をこなそう。

アルケン

▶ 立命館大学

本番で取りたい
正解数

11 / 11
題

[問題は別冊4ページ]

イントロダクション

この問題のチェックポイント

☑ 分子式から異性体を書くことができるか
（立体異性体を見つけることができるか）
☑ アルケンの反応が頭に入っているか

　アルケンの構造決定です。情報が箇条書きで細かく区切られており，読み
とりやすくなっています。それぞれの情報を書き出し，構造決定にチャレン
ジしてみましょう。

解　説

　まずは，炭化水素に関する基礎知識を問題文に従って確認していきましょ
う。

> **炭化水素の種類**
>
> 　炭素と水素のみからなる有機化合物を炭化水素といい，炭素原子のつ
> ながり方によって鎖式炭化水素と環式炭化水素に分類される。また，炭
> 素原子がすべて単結合だけで結合した飽和炭化水素と，(a) 炭素原子間
> に二重結合や三重結合をもつ不飽和炭化水素に大別することもできる。
> 飽和炭化水素にはアルカンや　　**あ**　　があり，不飽和炭化水素にはア
> ルケン，アルキンなどがある。

　炭化水素は，C骨格が鎖状か環状かで，鎖式炭化水素と環式炭化水素に分
類されます。また，不飽和結合（C＝C，C≡C）を含まないか含むかで，飽和
炭化水素（アルカン・**シクロアルカン** 問1 **あ**）と不飽和炭化水素（アルケン・
アルキン・ジエンなど）に分類されます。

　それでは不飽和炭化水素に関する **問3** にチャレンジしてみましょう。

問3 文章中の下線部(a)について，炭素原子の数が 10 で，分子内に二重結合 2 個と三重結合 1 個をもつ鎖式炭化水素の分子式を下の選択肢の中から選べ。

不飽和度 0 の炭化水素の一般式は C_nH_{2n+2} です。 この一般式から「不飽和度×2」だけ H 原子を減らすと，その炭化水素の一般式となります。(不飽和度 ➡ p.9)

問われている化合物は，C＝C 結合(不飽和度 1)を 2 個，C≡C 結合(不飽和度 2)を 1 個もつため，不飽和度が $1×2+2=4$ の C 数 10 の炭化水素です。

以上より，その分子式は次のように表すことができます。

$$C_{10}H_{(2×10+2)-4×2} \longrightarrow \boxed{C_{10}H_{14}}$$ よって，正解は選択肢 ③ となります。

炭化水素の特徴

(b)これらの炭化水素は，いずれも完全燃焼によって二酸化炭素と水を生じる。一般に，アルカンのような飽和炭化水素は比較的安定であるが，アルケンのような不飽和炭化水素は，水素や臭素などと付加反応を起こしやすい。たとえば，1-ブテンに臭素を付加させると ┃ い ┃ が生成する。

飽和炭化水素であるアルカンは安定で，自発的には反応しません(人間が無理やり結合を切断すると反応する(➡ p.20 ◆重要!))。

それに対して，不飽和炭化水素のアルケンは付加反応を起こしやすい化合物です。

例 1-ブテンに Br_2 付加すると $\boxed{1,2-ジブロモブタン}$ **問2** い が生じる

$$C＝C-C-C \xrightarrow{Br_2} \underset{\underset{Br \quad Br}{|\quad\,\,\,|}}{C-C-C-C}$$

それでは，下線部(b)の炭化水素の燃焼に関する **問4** を確認しましょう。

問4 あるアルケン 0.10 mol とプロパン 0.30 mol との混合気体を完全燃焼させるのに，酸素が 2.10 mol 必要であったとすると，この混合気体に含まれるアルケンは何か。分子式を記せ。

あるアルケン(C_nH_{2n} とする)とプロパンの燃焼の化学反応式は以下のようになります。

$$C_nH_{2n} + \frac{3n}{2}O_2 \longrightarrow nCO_2 + nH_2O$$

0.10 mol　　0.15n mol

$$C_3H_8 + 5O_2 \longrightarrow 3CO_2 + 4H_2O$$
0.30 mol 1.5 mol

0.10 mol のアルケン C_nH_{2n} と 0.30 mol のプロパン C_3H_8 を燃焼させるために必要な O_2 は，それぞれ $0.10 \times \dfrac{3n}{2} = 0.15n$〔mol〕，$0.30 \times 5 = 1.5$〔mol〕であり，その合計が 2.10〔mol〕です。

$$0.15\,n + 1.5 = 2.10 \qquad n = 4$$

よって，このアルケンの分子式は $\boxed{C_4H_8}$（ブテン）と決まります。

それでは，構造決定問題である 問5 を，与えられた情報の順に確認していきましょう。

炭化水素 C_5H_{10} の異性体

分子式が C_5H_{10} の炭化水素には多数の構造異性体が存在するが，それらのうち 4 種類の構造異性体 A〜D についての情報が(ア)〜(エ)である。

ここで，C_5H_{10} の構造異性体を考えてみましょう。

分子式 C_5H_{10} の不飽和度が 1 であることから，C＝C 結合を 1 つもつ「アルケン」または環状構造を 1 つもつ「シクロアルカン」となります。

• C 数 5 のアルケン【❶〜❺の 5 種類】

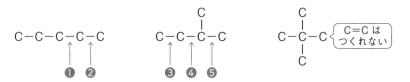

• C 数 5 のシクロアルカン【❻〜❿の 5 種類，ただし実際に安定（5 員環以上）なのは❻】

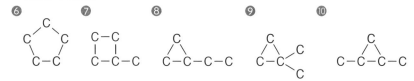

以上に示した 10 種類が A〜D の選択肢です。

情報(ア)：メチル基の存在

　Aは分子内にメチル基をもたないが，他の炭化水素はメチル基をもつ。

「メチル基」は「C骨格の末端」を表します。C骨格の末端は必ず$-CH_3$すなわちメチル基です。直鎖の場合は2つ，分枝の場合は(2＋分枝の数)だけ末端$-CH_3$があります。

例

$$CH_3-CH_2-CH_2-CH_2-CH_3$$
末端　　　　　　　　　　末端

$$CH_3-CH_2-CH-CH_3$$
（上に）CH_3〈末端〉
末端　　　末端

枝分かれ1
➡末端：3

　Aには「$-CH_3$がない」すなわち「末端がない」ため環状構造と決まります。5員環以上で安定な**⑥**の シクロペンタン 問5 (1)A が適切です。また，残りのB〜Dはアルケン❶〜❺のいずれかとなります。

◆重要！ 炭化水素がもつメチル基に関する情報

• **メチル基の数は末端の数!!**

情報(イ)：立体異性体の存在

　Bには立体異性体が存在するが，他の炭化水素には立体異性体は存在しない。

　Bはアルケン❶〜❺のいずれかです。この中で立体異性体が存在するものを探してみましょう。❶の 2-ペンテン 問5 (1)B のみシス-トランス異性体(幾何異性体)が存在します。

❶

$$C-C-C=C-C \longrightarrow$$

化合物B　　　　シス　　　　トランス

　ちなみに，末端にC＝C結合が存在するアルケンにはシス-トランス異性体は存在しません。

　末端以外にC＝C結合が存在する選択肢(本問では❶・❹)に絞って確認すると正解に早くたどり着きます。

◆重要! アルケンのシス-トランス異性体（幾何異性体）の探し方

- C＝C 結合が末端ではないアルケンに限定して確認する！

それでは B に関する **問5** (3)を確認しましょう。

問5 (3)　B に臭素を付加させたときに生じる化合物には，立体異性体が全部で何種類考えられるか。

B（2-ペンテン）に臭素を付加させてみましょう。

$$C-C-C=C-C \xrightarrow{\text{Br}_2} C-C-\overset{*}{C}-\overset{*}{C}-C$$
$$\underset{\text{Br}}{|} \quad \underset{\text{Br}}{|}$$

生成物には 2 つの不斉炭素原子が存在し，対称面もないため，立体異性体（鏡像異性体）の数は $2^2 = \boxed{4 \text{ 種類}}$ です。よって，選択肢 ④ が正解です。

情報(ウ)：付加反応に関する情報
　A には水素が付加しないが，B～D には水素が付加する。このとき，B と C からは同一物質 E を生じる。

まず，すでに決定している A（シクロペンタン）はシクロアルカンなので，付加反応は起こりません。そして，アルケン B～D は付加反応が進行します。
　そして，付加反応において「**付加反応後，同一物質になる**」という情報は，**C 骨格に関する情報**で，「**C 骨格が同じアルケンである**」と同じ意味になります。その理由は，付加反応前後で C 骨格は変化しないためです。

例　$C-C=C-C \xrightarrow{\text{H}_2} C-C-C-C$
$$\underset{\text{H}}{|} \quad \underset{\text{H}}{|}$$
〔C 骨格は不変〕

よって，付加反応により B と C からは同一物質 E が得られたことから，B と C は同じ C 骨格です。B（2-ペンテン）の C 骨格は直鎖なので，C は同じ C 骨格の ②（1-ペンテン），そして E はペンタンと決定できます。

Ⓑ $C-C-C=C-C$

化合物 B

〔C 骨格同じ〕　$\xrightarrow{\text{H}_2}$　Ⓔ $C-C-C-C-C$

化合物 E

Ⓒ $C-C-C-C=C$

化合物 C

16

◆**重要！** 付加生成物が同じ物質になるとき

• 付加生成物が同じになるときは，付加前の物質の C 骨格が同じ！

ここで，E に関する **問5** (4)を確認しましょう。

問5 (4) E について述べた次の記述のうち，正しいものを下の選択肢
の中からすべて選べ。
① メタンの同族体である。
② 炭素骨格に枝分かれ構造がある。
③ 立体異性体が存在する。
④ 塩素と混合して光を当てると，置換反応が起こる。
⑤ 付加重合させると，高分子化合物を生じる。

E は C 数 5 のアルカン，ペンタンです。
① 同族体とは，同じ一般式で表すことができる化合物です。メタンもペ
ンタンもアルカンなので，一般式は同じ C_nH_{2n+2} です。➡ **正**
② 枝分かれはありません。
③ 不斉炭素原子も C＝C 結合ももたないため，立体異性体は存在しませ
ん。
④ アルカンは置換反応を起こします。➡ **正**
⑤ アルカンは不飽和結合をもたないため，付加反応は起こりません。
以上より，正解は ①・④ の 2 つです。

情報(エ)：同一平面上に存在する原子・ヨードホルム反応
　D は分子内のすべての炭素原子が同一平面上に存在する。また，D に
水を付加させると沸点の異なる 2 種類のアルコールを生じるが，そのう
ち一方に水酸化ナトリウム水溶液とヨウ素を加えて温めると，黄色の沈
殿 F が生成する。

---

1 つ目の情報から確認しましょう。ポイントは「同一平面上」です。
「**C＝C 結合に直結する原子まで**」は必ず同一平面上に並びます。D はす
べての C 原子が同一平面上に存在したことから，すべての C 原子が C＝C
結合に直結しています。

よって，❹(2-メチル-2-ブテン)と決定できます。

```
        C                      ┌直結┐
        |                        C
C-C=C-C                   (      |      )
                           C-C=C-C
   化合物 D              └直結┘    └直結┘
```

◆**重要!** 同一平面上に並ぶ原子

　• C＝C 結合に直結する原子までは必ず同一平面上に並ぶ!!

　そして，もう1つの情報がヨードホルム反応です。詳細は テーマ3 アルコール➡p.34，35で扱うため，ここでは結論のみ確認しましょう。

　ヨードホルム反応が陽性になるのは，以下に示す2つの構造のいずれかをもつ物質です(C骨格の末端から2番目に官能基あり！)。

$$\overset{1}{CH_3}-\overset{2}{CH}-R \qquad \overset{1}{CH_3}-\overset{2}{C}-R$$

```
       |                      ‖
      OH                      O   (R は H 原子またはアルキル基)
```

　そして，生じる黄色沈殿はヨードホルム CHI_3 問5 (5) です。

　では，Dに水を付加させて生じる2種類のアルコールX，Yを以下に示します。ヨードホルム反応陽性になるのはどちらでしょうか。

```
                           ┌ヨードホルム┐
        C                  │  反応    │   C                            C
        |         H₂O      └──────┘   |                            |
C-C=C-C  ─────────→       C-C-C-C                  C-C-C-C
   化合物 E                         | |                              | |
                                  OH H                             H  OH
                                    X                                 Y
```

　ヨードホルム反応が陽性になる構造をもつのはXです。よって，与えられた情報とも一致するため，Dは上記で決定した❹(2-メチル-2-ブテン)と裏付けできます。

テーマ 1 の構造決定問題「フローチャート」

Ⓐ〜Ⓓ　C_5H_{10}（I_u=1） ・C=C　C−C−C−C−C　C−C−C−C ・環	Ⓐ〜Ⓓの選択肢 （シクロアルカンは稀な ので書いていない）
Ⓐ　−CH_3 なし⇒シクロアルカン　　Ⓑ〜Ⓓ −CH_3 あり ⇒アルケン	Ⓐ〜Ⓓの種類決定 （Ⓐは決定）
Ⓑ　シス−トランス異性体あり⇒　C−C−C=C−C	Ⓑの立体異性体の情 報（Ⓑ決定）
C 骨格→Ⓑ C−C−C=C−C　$\xrightarrow{H_2}$ Ⓔ C−C−C−C−C 同じ →Ⓒ C−C−C−C=C	H_2 付加に関する情報 （Ⓒ・Ⓔ決定）
Ⓓ C がすべて同一平面 $\xrightarrow{H_2O}$ C−C−C−C　C−C−C−C （ヨードホルム反応陽性） C−C=C−C	Ⓓの C 原子に関する 情報（Ⓓ決定）

解答

問1 あ　シクロアルカン
問2 い　1,2−ジブロモブタン
問3 ③
問4 C_4H_8
問5 (1) A　シクロペンタン　　B　2−ペンテン
(2) C　$CH_3-CH_2-CH-CH=CH_3$　　D　$CH_3-CH=C-CH_3$（CH_3）
(3) ④
(4) ①, ④
(5) CHI_3

本問で扱わなかったことも含めて，アルカンとアルケンの反応をまとめておきましょう。

◆重要! アルカン（鎖式飽和炭化水素・$I_u = 0$）の反応

飽和炭化水素は安定なので，人間が結合を無理やり切ると反応が進行。

- **熱分解（クラッキング）：熱で C−C 結合を無理やり切る。**

  アルカンを強熱すると主に C−C 結合が切れ，C 数の大きいアルカンから C 数の小さい炭化水素（エチレン，アセチレンなど）が生じる。

- **置換反応（ハロゲン化）：（ラジカルに攻撃させて）C−H 結合を無理やり切る。**

  光（紫外線，以下 UV）の照射により，アルカンの H 原子がハロゲンで置き換わる反応。

  例 メタン CH_4 と塩素 Cl_2

$$
\begin{array}{c}
\quad\quad H \\
\quad\quad | \\
H-C-\boxed{H}+\boxed{Cl}-Cl \xrightarrow{\ \text{光}\ } H-C-Cl + \boxed{HCl} \\
\quad\quad | \\
\quad\quad H
\end{array}
$$

◆重要! アルケン（鎖式飽和炭化水素・$I_u = 1$）の反応

π 結合に何かが付加する反応が進行する。「何が付加するか」で反応名が異なる。

- **付加反応：H_2・ハロゲン・酸・H_2O が π 結合に付加**
  - **Br_2 付加：C＝C 結合・C≡C 結合の検出法**

    触媒不要で付加し，Br_2 の赤褐色が消える。
  - **マルコフニコフ則：主生成物の判断法**

    非対称アルケンに酸や H_2O が付加するとき，より多くの H 原子と結合している C 原子に H 原子が付加しやすい。

  例

$$
\begin{array}{c}
\quad\quad H \quad H \\
\quad\quad | \quad\ | \\
C-C-C=C-H \xrightarrow{\ HX\ } \\
\quad\quad\underbrace{\ \ }_{\text{H1個}}\underbrace{\ \ }_{\text{H2個}}
\end{array}
$$

$$
\begin{array}{c}
C-C-C-C \\
\quad\quad\quad | \ \ | \\
\quad\quad\quad H \ X \\
\text{副生成物} \\
\\
C-C-C-C \\
\quad\quad\quad | \ \ | \\
\quad\quad\quad X \ H \\
\text{主生成物}
\end{array}
$$

- **付加重合：付加反応で重合**（開始剤が π 結合に付加することがきっかけで起こる）

　基本的に「高分子化合物」で学ぶ。有機化学では、ビニル基をもつものを中心に確認しておこう。

- **酸化開裂：酸化剤により π 結合が開裂する**（酸化剤が π 結合に付加することが原因）

　O_3 や $KMnO_4$（酸性下）で酸化され、アルデヒドやケトンを生じる。$KMnO_4$（酸性下）を使用したときは、アルデヒドがカルボン酸まで酸化される（オゾンを使った酸化開裂をオゾン分解とよぶ）。

$$\underset{R_2}{\overset{R_1}{\diagdown}}C=C\underset{R_4}{\overset{R_3}{\diagup}} \xrightarrow[\text{もしくは} O_3]{KMnO_4 \text{（酸性下）}} \underset{R_2}{\overset{R_1}{\diagdown}}C=O \ + \ O=C\underset{R_4}{\overset{R_3}{\diagup}}$$

$$R \begin{cases} H \ \Rightarrow \ \text{アルデヒド} \\ H \text{以外} \ \Rightarrow \ \text{ケトン} \end{cases}$$

$$\xrightarrow[\text{のみ}]{KMnO_4 \text{（酸性下）}} \underset{H}{\overset{R}{\diagdown}}C=O \ \text{は酸化されて} \ \underset{HO}{\overset{R}{\diagdown}}C=O \ \text{へ}$$

　　　　　　　　　　　アルデヒド　　　　　　　　　　カルボン酸

アルキン

▶ 関西学院大学

本番で取りたい正解数

6 / 6 題

[問題は別冊6ページ]

イントロダクション

この問題のチェックポイント

☑ C_5H_8 の異性体を考えることができるか
☑ アルキンの反応が頭に入っているか

　アルキンを含む炭化水素の構造決定です。アルキンは，他のテーマと比べると構造決定の問題が少なく，構造決定の演習を積んでいない学生もいるため，出題されると得点差になる可能性があります。この問題を通じてしっかりと確認しておきましょう。

解説

　問題文に従って情報を確認していきましょう。

> **有機化合物 A・B・C について**
> 　分子式が C_5H_8 の化合物である。

　さっそく，分子式から不飽和度を求め，予想しましょう。
分子式 C_5H_8

$$不飽和度 = \frac{2 \times 5 + 2 - 8}{2} = 2$$

予想

　炭化水素（O原子が存在しない）なので，以下の3つのいずれかと予想できます。
- $C \equiv C$ 結合 × 1 ➡ アルキン
- $C = C$ 結合 × 2 ➡ ジエン
- $C = C$ 結合 × 1 + 環 × 1 ➡ シクロアルケン

　ジエンもシクロアルケンも，含まれているのは $C = C$ 結合なので与えられる情報はアルケンの反応になります。アルキンとアルケンの反応を頭に浮か

べながら，この先の情報を読んでいきましょう。

化合物 A について

　　化合物 A は 4 つの炭素原子が直線上に並んだ構造をしており，　 a 　結合を 1 つもった分子である。A を触媒を用いて水素と反応させると，1 mol あたり 1 mol の水素が消費されて分子式 C_5H_{10} で表される化合物 D が生成した。D にはシス-トランス異性体（幾何異性体）が存在する。D に塩化水素を作用させたところ，　 b 　反応が起こり，化合物 E が得られた。

与えられた情報から，化合物 A について以下のことがわかります。

• 4 つの C 原子が直線上に並んだ構造 ➡ アルキンまたはジエン ➡ 環状構造は存在しない。

• 結合を1つもつ ➡ <u>アルキン</u>

以上より，化合物 A は「4 つの C 原子が直線上に並んだ構造のアルキン」と決まり，考えられる選択肢は，以下の骨格❶・❷のどこかに C≡C （<u>炭素間三重</u> 問2 a 結合）が存在する 3 種（❶～❸）です。

❶（主鎖：C 数 4＋側鎖 C 数 1）　　❷（主鎖：C 数 5）

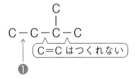

❶

並んだ 4 つが直線上

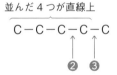

❷　❸

また，化合物 D（C_5H_{10}）について次のことがわかります。

• 化合物 A に H_2 が付加して生じた化合物
　➡ 先述の C 骨格（❶・❷）をもつアルケンで，❶～❸のどこかに C＝C 結合をもつ（付加反応の前後で，C 骨格や官能基の位置は変化しません）。

• シス-トランス異性体（幾何異性体）が存在
　➡ ❷に C＝C 結合をもつ場合のみ，シス-トランス異性体が存在する。

$$C-C-C=C-C\ ^D \longrightarrow$$

C-C　　　　C
　　＼C＝C＜
H／　　　　H
シス

C-C　　　　H
　　＼C＝C＜
H／　　　　C
トランス

以上より，化合物 A も❷の位置に C≡C 結合をもつ構造と決定します。

$$\boxed{C-C-C\equiv C-C}$$ 問1 A

また，化合物 D に HCl を作用させると $\boxed{\text{付加}}^{\,問2\ b}$ 反応が進行します。

$$C{-}C{-}C{=}C{-}C \ + \ HCl \longrightarrow \underset{\substack{\\ H \quad Cl}}{C{-}C{-}C{-}C^{*}{-}C} \quad \underset{\substack{\\ Cl \quad H}}{C{-}C{-}C{-}C{-}C}$$

問3

◆重要! 付加反応の前後

• 付加反応の前後でC骨格は変化しない!!

化合物 B について

　化合物 B は ⎡　a　⎤ 結合を 1 つもつ。B を触媒を用いて水素と十分に反応させると，分子式 C_5H_{12} で表される化合物 F が生成した。これは A を同様の条件で反応させて得られる分子式 C_5H_{12} で表される化合物 G とは異なる構造をしている。

与えられた情報から，化合物 B について以下のことがわかります。

• $C{\equiv}C$ 結合を 1 つもつ
  ➡ アルキン
  ➡ 先述の❶または❸の位置に $C{\equiv}C$ 結合あり（❷は化合物 A で決定ずみ）。

• H_2 を十分に付加させると化合物 F（分子式 C_5H_{12}）に変化。
  ➡ 化合物 F はアルカン

• 化合物 F は化合物 A に H_2 を付加して得られるアルカン G とは構造が異なる。
  ➡ 化合物 B は化合物 A と異なる C 骨格である（A の付加生成物の F と G の C 骨格が異なるため）。
  ➡ 化合物 B は❶の位置に $C{\equiv}C$ 結合をもつアルキンである。

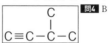

問4 B

ここでも「付加反応前後でC骨格が変わらない」が活かされます。

「付加生成物（アルカン）FとGの構造が異なる」すなわち「アルキンBとAは異なるC骨格である」と，すぐに答えられるようになっておきましょう。

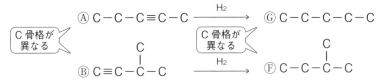

◆重要! 付加生成物の構造が異なるとき

• 付加生成物のC骨格が異なる ➡ 付加前の物質のC骨格が異なる!!

化合物Cについて

化合物Cを触媒を用いて水素と十分に反応させると，分子式C_5H_{10}で表される化合物Hが得られた。Hに塩化水素を作用させても反応は起こらなかった。

与えられた情報から，化合物Cについて以下のことがわかります。

• H_2を十分に付加させると化合物H（分子式C_5H_{10}）が生成。
　➡ H_2を十分に付加させた生成物Hは飽和炭化水素で分子式がC_5H_{10}
　　すなわちHはシクロアルカンである（HClが付加しないことでも裏付けできます）。
　➡ 化合物Cも環状構造をもつ（付加前後でC骨格は不変）
　　すなわちCはシクロアルケンである。
　　シクロアルケンの化合物Cは次のようなものが考えられます。
　（このとき，小さな環は不安定であるため，大きな環（五員環）から考えていきましょう。）

問5 C

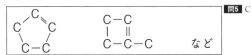

◆重要! 環状構造の化合物

なるべく大きな環から答えていく!!

テーマ2の構造決定問題「フローチャート」

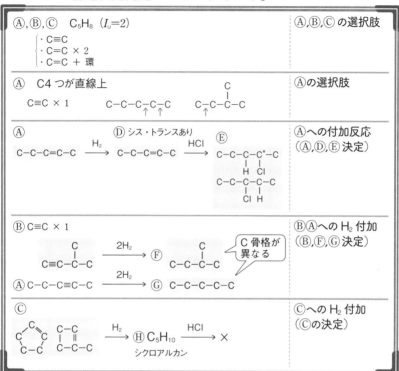

Ⓐ,Ⓑ,Ⓒ　C₅H₈ （$I_u=2$） ・C≡C ・C＝C × 2 ・C＝C ＋ 環	Ⓐ,Ⓑ,Ⓒ の選択肢
Ⓐ　C4 つが直線上 C≡C × 1　　C－C－C－C－C　　C－C－C－C	Ⓐの選択肢
Ⓐ C－C－C＝C－C →(H₂) C－C－C＝C－C →(HCl) Ⓔ	Ⓐへの付加反応 （Ⓐ,Ⓓ,Ⓔ 決定）
Ⓑ C≡C × 1	Ⓑ Ⓐへの H₂ 付加 （Ⓑ,Ⓕ,Ⓖ 決定）
Ⓒ	Ⓒへの H₂ 付加 （Ⓒ の決定）

解答

問1　CH₃－C≡C－CH₂－CH₃

問2　a　炭素間三重　　b　付加

問3　CH₃－CH₂－CH₂－C*H－CH₃　　　CH₃－CH₂－CH－CH₂－CH₃
　　　　　　　　　　　　　｜　　　　　　　　　　　　　　　　｜
　　　　　　　　　　　　　Cl　　　　　　　　　　　　　　　　Cl

問4
　　　　　　　CH₃
　　　　　　　｜
　CH≡C－CH－CH₃

問5
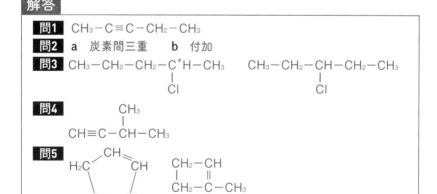

26

本問では扱っていない反応もあるため，アルキンの反応をまとめてチェックしておきましょう。

◆重要! アルキンの反応

● **付加反応**：H_2・ハロゲン・酸・H_2O が π 結合に付加。

　• H_2O 付加：エノールは不安定 ⟶ ケトに変化して生成。

例

$$H-C\equiv C-H \xrightarrow[\text{(HgSO}_4)]{\text{H}_2\text{O}} \left[\begin{matrix} H \\ H \end{matrix} C=C \begin{matrix} H \\ OH \end{matrix} \right] \longrightarrow H-\overset{\overset{\displaystyle H}{|}}{C}-\overset{\overset{\displaystyle H}{\|}}{\underset{\underset{\displaystyle O}{|}}{C}}-H$$

ビニルアルコール　　　　　　　　　　アセトアルデヒド
（不安定）

　• Br_2 付加：C＝C 結合・C≡C 結合の検出法（アルケン同様）

　• マルコフニコフ則：主生成物の判断法（アルケン同様）➡ p.20

● **付加重合**：2〜3 分子の重合が起こる。

例　3 分子重合（ベンゼンの製法）

$$3H-C\equiv C-H \xrightarrow{\text{Fe}} \left(\begin{matrix} \text{} \end{matrix} \right) \longrightarrow$$

● **アセチリドの生成** 末端 C≡C 結合の検出法

　　末端に C≡C 結合をもつアルキンにアンモニア性硝酸銀を加えて加熱すると銀アセチリドの沈殿が生成。

例　$$H-C\equiv C-H \xrightarrow[\text{[Ag(NH}_3)_2]^+]{\text{アンモニア性硝酸銀}} AgC\equiv CAg\downarrow$$

銀アセチリド（白）

Theme
3. アルコール
▶ 関西大学

本番で取りたい
正解数

7／7
題

[問題は別冊7ページ]

イントロダクション

この問題のチェックポイント

☑ 分子式から異性体を書くことができるか
☑ アルコールの反応が頭に入っているか
（何の情報を与えられたかを認識できるか）

　アルコールの構造決定でも，C数5，6のものは差がつきやすい問題となります。
　分子式 $C_5H_{12}O$ の構造決定を通じて，アルコールの反応を総復習し，しっかり得点できるようポイントを押さえておきましょう。

解説

　問題文に従い，順に情報をチェックしていきましょう。

情報 ①
　化合物 A〜E は分子式 $C_5H_{12}O$ のアルコールもしくはエーテルである。

　化合物 A〜E の分子式に関する情報です。本問では「アルコールもしくはエーテル」と与えられていますが，与えられない問題も多いため，不飽和度とO原子の数から「どんな化合物か」を予想する習慣をつけておきましょう。

　$C_5H_{12}O$ の不飽和度とO原子数は次のようになります。
分子式 $C_5H_{12}O$

$$不飽和度 = \frac{2 \times 5 + 2 - 12}{2} = 0$$

$$O原子数 = 1$$

　まず，不飽和度が0なので二重結合や環状構造はありません。すなわち，化合物 A〜E は鎖式飽和の化合物です。

28

そして，O原子数が1なので，化合物A〜Eは**1価のアルコール(R−OH)**もしくは**エーテル(R−O−R')**と決まり，与えられた情報と一致しています。

　それでは，分子式 $C_5H_{12}O$ のアルコールとエーテルの構造異性体をチェックしましょう。
　C原子数5のC骨格は以下の3種類です。

$$C-C-C-C-C \qquad \underset{\displaystyle C}{C-C-\overset{\displaystyle C}{C}-C} \qquad C-\overset{\displaystyle C}{\underset{\displaystyle C}{C}}-C$$

　このC骨格のC原子にヒドロキシ基(−OH)をつけたらアルコール，C原子間にエーテル結合(−O−)を入れたらエーテルです。
・アルコール：以下の$\boxed{8}^{(1)}$種類(以下の❶〜❽にヒドロキシ基(−OH)がつく)

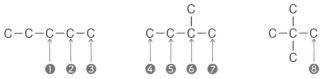

・エーテル：以下の$\boxed{6}^{(2)}$種類(以下の❶〜❻にエーテル結合(−O−)を入れる)

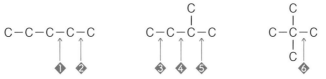

情報②
　化合物A〜Dはアルコール，Eはエーテルである。

　この情報より，化合物A〜Dは異性体❶〜❽のいずれか，化合物Eは異性体❶〜❻のいずれかと決まります。

　通常，「アルコールかエーテルか」は次のような情報で与えられます。
　『化合物A〜Eをそれぞれ試験管にとり金属ナトリウムを加えたところ，化合物A〜Dの試験管では気体が発生した。』
　上記のように与えられても対応できるよう，この反応を確認しておきましょう。

◆重要！ Na と反応して H_2 発生（ヒドロキシ基（−OH）の検出法）

- ヒドロキシ基（−OH）をもつ物質は Na と反応し水素 H_2 が発生する。
  $$2R-OH + 2Na \longrightarrow 2R-ONa + H_2$$
➡ Na と反応したらアルコール，反応しなかったらエーテルと判明。

情 報 ③
化合物 A，D，E は不斉炭素原子あり。
化合物 B，C には不斉炭素原子なし。

情報③のデータとそれまでにわかっていることをまとめると次のようになります。

化合物 A，D ➡ 不斉炭素原子があるアルコール（❷・❺・❼のいずれか）

❷
```
C−C−C−C*−C
        |
        OH
```

❺
```
          C
          |
C−C*−C−C
    |
    OH
```

❼
```
        C
        |
C−C−C*−C
        |
        OH
```

化合物 B，C ➡ 不斉炭素原子がないアルコール（❶・❸・❹・❻・❽のいずれか）

❶
```
C−C−C−C−C
      |
      OH
```

❸
```
C−C−C−C−C
          |
          OH
```

❹
```
      C
      |
C−C−C−C
  |
  OH
```

❻
```
    C
    |
C−C−C−C
    |
    OH
```

❽
```
  C
  |
C−C−C
  |    |
  C   OH
```

化合物 E ➡ 不斉炭素原子があるエーテル（❺のみ）

E(7)
❺
```
      C
      |
C−C−C−O−C
```

ここで，化合物 E が決定です。

> **情 報 ④**
>
> 化合物 A を分子内で脱水反応させた。
> 結果：シス–トランス異性体（幾何異性体）を含む 3 種類のアルケンが
> 　　　生成

アルコールの脱水反応です。

通常，アルコールの脱水反応は「濃硫酸を加えて加熱」という表現で与えられます。また，C 原子数 3 以上のアルコールでは分子内脱水のみが進行するため「分子内で」という表記がなくても，**分子内脱水によりアルケンが生成する**と考えましょう。

それではまず，アルコールの脱水反応を確認しておきましょう。

◆重要! アルコールの脱水反応（特定のアルコールを決定する情報）

　アルコール（C 数 3 以上※）に濃硫酸を加えて加熱すると，分子内で脱水が起こり，アルケンが生成する。

　このとき，脱水前後で C 骨格は変化しないことに注意！

$$-\underset{\underset{H}{|}}{\overset{|}{C}}-\underset{\underset{OH}{|}}{\overset{|}{C}}- \quad \xrightarrow[\text{（C 骨格は変化しない）}]{\text{脱水}} \quad \underset{}{\overset{}{>}}C=C\underset{}{\overset{}{<}}$$

　生成したアルケンの情報から特定のアルコールが決定できる。
　※エタノールのみ温度により脱水生成物が変化する。
　• 低温（130〜140℃）➡ 分子間脱水によりジエチルエーテルが生成
　　　　$2C_2H_5OH \longrightarrow C_2H_5-O-C_2H_5 + H_2O$
　• 高温（160〜170℃）➡ 分子内脱水によりエチレンが生成
　　　　$C_2H_5OH \longrightarrow C_2H_4 + H_2O$

　それでは，化合物 A（❷・❺・❼のいずれか）について考えましょう。

　脱水前後で C 骨格は変化しないため，脱水により生成するアルケンはアルコールと同じ C 骨格をもちます。よって，アルケンの構造異性体は次のページに示す 5 種類になります。

<u>C原子数5のアルケンの構造異性体</u>：5種類（▲～⑤のいずれかに C＝C をもつ5種類）

上記の5種類のなかで，シス-トランス異性体（幾何異性体）をもつのは▲のみであり，脱水により▲を生じるアルコールは以下の2種類（❶・❷）です。

❷ C−C−C−C*−C   A   ⟶   ▲ C−C−C＝C−C   ❷ C−C−C−C＝C

      H OH H

     (1)   (2)   (1) より   (2) より

すでに化合物 A は不斉炭素原子をもつこと（❷・⑤・❼のいずれか）がわかっているため，❷の 2−ペンタノール A(3) と決まります。

> **情　報 ⑤**
>
> 　化合物 B～D それぞれを硫酸酸性の二クロム酸カリウム水溶液で酸化
> 　　化合物 B ➡ ケトンに変化
> 　　化合物 C ➡ 酸化されにくい。
> 　　化合物 D ➡ アルデヒドを経てカルボン酸に変化

それでは，まずアルコールの酸化反応を確認しましょう。

◆**重要!** アルコールの酸化反応（アルコールの級数に関する情報）

● **酸化生成物の情報から，アルコールの級数が決定できる。**

　　　　　　　　　　 酸化生成物

　アルデヒド（還元性あり）※またはカルボン酸（酸性）➡ 第一級アルコール
　　　　　　　　　　　　　　　ケトン（中性）　　　　　➡ 第二級アルコール
　　　　　　　　　　　　なし（酸化されない）　　　　　➡ 第三級アルコール

- 酸化生成物がアルデヒドであることを確認する方法
  - 銀鏡反応
    <u>アンモニア性硝酸銀水溶液を加えて加熱すると銀が析出する。</u>
  - フェーリング液を還元する反応
    <u>フェーリング液を加えて加熱すると赤色沈殿（Cu_2O）が析出する。</u>

化合物 **B**（❶・❸・❹・❻・❽のいずれか）

　酸化生成物がケトンなので，化合物 B は第二級アルコールです。また，これまでの情報により，❶・❸・❹・❻・❽のいずれかとわかっているため，あてはまるものは❶の $\boxed{3-ペンタノール}$ B(4) となります。

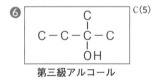

化合物 **C**（❶・❸・❹・❻・❽のいずれか）

　化合物 C は酸化されなかったため，第三級アルコールです。また，これまでの情報により❶（化合物 B）・❸・❹・❻・❽のいずれかと決まっており，あてはまるものは❻の 2-メチル-2-ブタノールとなります。

化合物 **D**（❷・❺・❼のいずれか）

　酸化生成物がアルデヒドを経てカルボン酸であったことから，化合物 D は第一級アルコールです。また，これまでの情報により化合物 D は❷（化合物 A）・❺・❼のいずれかと決まっているため，あてはまるものは❼の 2-メチル-1-ブタノールとなります。

❺
```
    C
    |
C-C-C-C
    |
    OH
```
第二級アルコール

❼   D(6)
```
      C
      |
  C-C-C-C
        |
        OH
```
第一級アルコール

　以上，化合物 A ～ E のすべての構造が決定しました。

最後に，アルコールの構造決定として知っておくべき反応を追加で確認しておきましょう。

✦重要！ ヨードホルム反応（−OH，C＝O の位置情報）

　　下に示す2種類の化合物に，ヨウ素 I_2 と水酸化ナトリウム NaOH 水溶液を加えるとヨードホルムの黄色沈殿が生成する。

$$\overset{1}{C}H_3-\overset{2}{C}H-R \qquad \overset{1}{C}H_3-\overset{2}{C}-R$$
$$\qquad\quad | \qquad\qquad\qquad\quad \|$$
$$\qquad\quad OH \qquad\qquad\qquad\quad O$$

$$\left(\begin{array}{l} \text{R は H 原子} \\ \text{もしくはアルキル基} \end{array}\right)$$

　　ヨードホルム反応陽性の化合物は「C 骨格の末端から2番目」に特定の官能基をもつ。すなわち，ヨードホルム反応の結果は官能基の位置情報である。

　末端から2番目（分枝部は除く）にヒドロキシ基（−OH）をもつアルコールの場合，「ヨードホルム反応陽性」という情報から決定できることがあります。
　今回の❶〜❽のアルコールのなかでは，どのアルコールに相当するか探してみましょう。
　ヨードホルム反応陽性に相当する構造をもつのは，❷と❺のアルコールです。

❷
$$C-C-C-\overset{2}{C}-\overset{1}{C}$$
$$\qquad\qquad |$$
$$\qquad\qquad OH$$

❺
$$\qquad\qquad C$$
$$\qquad\qquad |$$
$$\overset{1}{C}-\overset{2}{C}-\overset{3}{C}-C$$
$$\quad |$$
$$\quad OH$$

　このように，ヨードホルム反応はヒドロキシ基（−OH）の位置を与えてくる重要な情報です。
　次の例のように陰性という情報が与えられることもあります。

例　「アルコールの酸化生成物は銀鏡反応陰性，ヨードホルム反応陰性」
　これより，酸化生成物がもつ C＝O の位置に関する情報がわかります。

酸化生成物に関する情報	C＝O の位置についてわかること
銀鏡反応陰性 ⟶	C 骨格の末端ではない。
ヨードホルム反応陰性 ⟶	C 骨格の末端から2番目ではない。

$$\cdots-\overset{3}{C}\!\!-\!\!-\!\!\overset{2}{C}\!\!-\!\!-\!\!\overset{1}{C}$$

$$\qquad × \qquad × \qquad ○ \quad \boxed{銀鏡反応}$$

$$\qquad × \qquad ○ \qquad × \quad \boxed{ヨードホルム反応}$$

$$\boxed{ともに陰性}$$

「ということは，C＝O の位置は C 骨格の末端から 3 番目……？」と考えていくことができます。

「陽性」だけでなく「陰性」も重要な情報であることを押さえておきましょう。

◆重要! ヨードホルム反応の生成物

ヨードホルム反応の生成物の中で下記に示す 2 つは即答できるようになっておこう。

$$\overset{1}{CH_3}-\overset{2}{CH}-R \atop OH \quad \xrightarrow{\ I_2+NaOH\ } \quad \overset{1}{CHI_3} \ + \ R-\overset{2}{C}-ONa \atop O$$

$$\overset{1}{CH_3}-\overset{2}{C}-R \atop O$$

ヨードホルム反応の生成物のなかで重要な 2 つは以下のように考えましょう。

C^1 と C^2 の間の結合が切断され，C^1 はヨードホルム（C^1HI_3）に，そして，C^2 はカルボン酸のナトリウム塩（RC^2OONa）に変化します。

$$\overset{1}{CH_3}\!\!\!\;-\!\!\!\;\overset{2}{CH}-⃝{R} \atop OH \quad \xrightarrow{\ I_2+NaOH\ } \quad \overset{1}{CHI_3} \ + \ ⃝{R}-\overset{2}{C}-ONa \atop O$$

$$\overset{1}{CH_3}\!\!\!\;-\!\!\!\;\overset{2}{C}-⃝{R} \atop O \qquad\qquad\qquad\qquad ⃝{R は不変}$$

もとのアルコール（$C^1H_3C^2H(OH)R$）と，生成物のカルボン酸のナトリウム塩（RC^2OONa）のアルキル基 R は一致するため，構造決定において重要なパーツになる可能性があります。

本問の化合物 A（アルコール❷）で，生成物を確認しておきましょう。

❷

$$C-C-C-\overset{2}{C}-\overset{1}{C} \atop \substack{R \quad OH} \quad \xrightarrow{\ I_2+NaOH\ } \quad \overset{1}{CHI_3} \ + \ C-C-C-\overset{2}{C}-ONa \atop \substack{R \quad O}$$

化合物 A

テーマ3の構造決定問題「フローチャート」

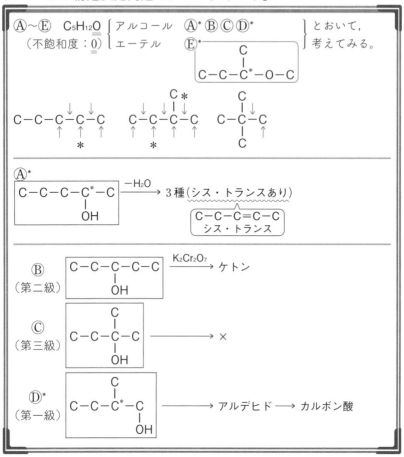

$Ⓐ$〜$Ⓔ$ $C_5H_{12}O$ { アルコール $Ⓐ^*$ $Ⓑ$ $Ⓒ$ $Ⓓ^*$ } とおいて、
（不飽和度：0）{ エーテル $Ⓔ^*$ } 考えてみる。

$$\underset{\substack{\\C}}{C}-C-C^*-O-C$$

$$C-C-C-C-C \qquad C-C-C-C \qquad C-C-C$$

$Ⓐ^*$

$$\boxed{C-C-C-C^*-C \underset{OH}{}} \xrightarrow{-H_2O} 3種（シス・トランスあり）$$

$$\boxed{\begin{array}{c} C-C-C=C-C \\ シス・トランス \end{array}}$$

$Ⓑ$（第二級）

$$\boxed{C-C-C-C-C \underset{OH}{}} \xrightarrow{K_2Cr_2O_7} ケトン$$

$Ⓒ$（第三級）

$$\boxed{C-C-\underset{OH}{\overset{C}{C}}-C} \longrightarrow ×$$

$Ⓓ^*$（第一級）

$$\boxed{C-C-\underset{OH}{\overset{C}{C^*}}-C} \longrightarrow アルデヒド \longrightarrow カルボン酸$$

解答

(1) (ク) (2) (カ)

(3) 2-ペンタノール (4) 3-ペンタノール

(5)
$$CH_3-CH_2-\underset{OH}{\overset{CH_3}{\underset{|}{\overset{|}{C}}}}-CH_3$$

(6)
$$CH_3-CH_2-\overset{CH_3}{\underset{*}{\overset{|}{CH}}}-CH_2-OH$$

(7)
$$CH_3-CH_2-\overset{CH_3}{\underset{*}{\overset{|}{CH}}}-O-CH_3$$

アルデヒド・ケトン

▶ 早稲田大学（基幹理工・創造理工・先進理工学部）

[問題は別冊8ページ]

イントロダクション

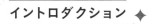

この問題のチェックポイント

☑ C 数 5 のアルコールの異性体を書き出すことができるか
☑ アルデヒド・ケトンの反応が頭に入っているか
☑ 立体異性体を素早く見つけることができるか

　一見，アルコールの構造決定に見えますが，その中の 1 つは，アルコールを脱水させて生じるアルケンを酸化開裂させており，その生成物であるアルデヒドとケトンの決定が鍵になります。この問題を通じて，さまざまなテーマの確認を行っておきましょう。

◆ 解 説 ◆

　問題文に従い，順に情報をチェックしていきましょう。

化合物 A〜F の分子式
　有機化合物 A〜F の分子式は，$C_5H_{12}O$ である。

　さっそく，分子式から不飽和度を求め，予想してみましょう。
分子式 $C_5H_{12}O$

$$不飽和度 = \frac{2 \times 5 + 2 - 12}{2} = 0$$

◆ 予 想 ◆

• O 原子×1 で不飽和度 0 ➡ アルコールまたはエーテル

　化合物 A〜F は C 数 5 の鎖状，飽和の 1 価のアルコールまたはエーテルです。「アルコールが起こす反応を，エーテルはすべて起こさない（否定形になる）」ことを念頭に置いて情報を確認していきましょう。

[実験1] 化合物 A～F の脱水
化合物 A～F に濃硫酸を加えて加熱 ─→ いずれからも分子量 70 の生成物
生成物の情報
化合物 A, F   ➡ 1 種類のみ
化合物 B, C, D ➡ 2 種類(B からはシス-トランス異性体)
化合物 E   ➡ 3 種類(そのうち 2 つはシス-トランス異性体)

「濃硫酸加えて加熱」ときたらアルコールの脱水です。アルコールから分子量が 18 減ったアルケンが生成物です。

実験結果より化合物 A～F のすべてで脱水が起こったので、これらはすべてアルコールです。分子量からも裏付けできます。

$$\text{化合物 A～F}\quad C_5H_{12}O \xrightarrow{\ -H_2O\ } \text{アルケン}$$

(分子量)   (88)   (88 - 18 = 70)

A～F は、以下の❶～❽のいずれかです(↑に OH 基)。

```
                           C                        C
                           |                        |
C-C-C-C-C        C-C-C-C           C-C-C
 ↑  ↑  ↑         ↑ ↑ ↑ ↑           ↑ ↑   C
 ❶  ❷  ❸         ❹ ❺ ❻ ❼          C-C-C  ❽
                                        |
                                        C
```

これらのうち、❽は脱水不可能です。
よって、上記の❶～❼の中から、情報にあてはまるものを探しましょう。

化合物 A・F(脱水生成物が 1 種類) ➡ ❸・❹・❼
基本的に末端に −OH があると脱水生成物は 1 種類です。

❸ C-C-C-C-C $\xrightarrow{\ -H_2O\ }$ C-C-C-C=C
          |
          OH

```
        C                              C
        |                              |
❹ C-C-C-C      ─H₂O→  C=C-C-C
   |
   OH
```

```
        C                              C
        |                              |
❼ C-C-C-C      ─H₂O→  C-C-C=C
        |
        OH
```

化合物 B・C・D（脱水生成物が2種類）➡ ❶・❺・❻

❶
$$C-C-C-C-C \xrightarrow[\text{OH}]{} \overset{B}{} \xrightarrow{-H_2O} C-C=C-C-C$$

シス-トランス異性体あり

❺
$$C-C-\underset{\underset{OH}{|}}{\overset{\overset{C}{|}}{C}}-C \xrightarrow{-H_2O} C=C-\overset{\overset{C}{|}}{C}-C \qquad C-C=\overset{\overset{C}{|}}{C}-C$$

❻
$$C-C-\underset{\underset{OH}{|}}{\overset{\overset{C}{|}}{C}}-C \xrightarrow{-H_2O} C-C=\overset{\overset{C}{|}}{C}-C \qquad C-C-\overset{\overset{C}{|}}{C}=C$$

テーマ
4
アルデヒド・ケトン

生成物がシス-トランス異性体になるのが化合物 B なので，B は❶と決定できます。

化合物 E（脱水生成物が3種類）➡ ❷

❷
$$C-C-C-C-C \overset{E}{} \xrightarrow{-H_2O} C-C-C=C-C \qquad C-C-C-C=C$$

シス-トランス異性体あり

脱水生成物が3種類の化合物 E は❷と決定できます。

◆重要！ アルコールの脱水生成物

・脱水生成物が1種類のときは末端−OH!!

[実験2] 化合物 A の脱水生成物のオゾン分解
　化合物 A の脱水生成物をオゾン分解 ⟶ アルデヒド G ＋ ケトン H

化合物 A は❸・❹・❼のいずれかであることがわかっています。

それらの脱水生成物をオゾン分解（➡ テーマ1 の p.21）したときに，アルデヒドとケトンを生じるのはどんな場合でしょうか。ポイントは「ケトンを生じる」という部分です。

C＝C結合のそれぞれのC原子に，1つでもHが直結していたら生成物はアルデヒドになります。

$$\cdots -\underset{H}{C}=\underset{H}{C}-\cdots \quad \xrightarrow{\text{O}_3} \quad \cdots -\underset{H}{C}=O \ + \ O=\underset{H}{C}-\cdots$$

アルデヒド　　　　　アルデヒド

オゾン分解によりケトンを生じるのは，枝分かれをもつC骨格のアルケンで「C＝C結合に側鎖が直結している」ときです。

$$\underset{\boxed{\substack{C=C に\\側鎖が\\直結}}}{\cdots -\underset{C}{C}=\underset{H}{C}-\cdots} \quad \xrightarrow{\text{O}_3} \quad \cdots -\underset{C}{C}=O \ + \ O=\underset{H}{C}-\cdots$$

ケトン　　　　　アルデヒド

あてはまるのは**7**の脱水生成物のみです。よって，化合物Aは**7**のアルコールで，酸化開裂により生じるアルデヒドGは ホルムアルデヒド 問2 ，ケトンHはエチルメチルケトン（ブタノン）と決まります。

また，化合物Fは残りの選択肢である**3**か**4**のアルコールです。

◆重要！酸化開裂による生成物

- **生成物にケトンが生じるのは，C＝C結合に側鎖が直結しているとき!!**

[実験3] 化合物A〜Fの酸化
　化合物A〜Fを硫酸酸性二クロム酸カリウムで酸化
　➡ 化合物Cのみ反応しなかった

[実験3] は，アルコールの酸化反応です。
アルコールの酸化反応は級数で生成物が変化します（➡ テーマ3 の p.32）。

酸化剤を加えても酸化されなかった化合物 C は第三級アルコールです。よって，化合物 C の構造は**⑥**と決まります。

問1 C

$$\text{⑥} \quad \begin{array}{c} \text{C} \\ | \\ \text{C}-\text{C}-\text{C}-\text{C} \\ | \\ \text{OH} \end{array} \quad \xrightarrow{\text{K}_2\text{Cr}_2\text{O}_7} \times$$

また，［実験 1］より，化合物 C と D の選択肢として**⑤**・**⑥**が残っていたため，化合物 D は**⑤**と決まります。

$$\text{⑤} \quad \begin{array}{c} \text{C} \\ | \\ \text{C}-\text{C}-\text{C}-\text{C} \\ | \\ \text{OH} \end{array} \quad \text{D}$$

◆重要! 酸化されないアルコール

• **酸化されないアルコールときたら，第三級アルコール!!**

それではここまでに触れていない **問3** ・ **問4** を確認していきましょう。

問3 化合物 A〜H の中で，不斉炭素原子を有する化合物をすべて選び，記号で答えよ。

化合物 A〜H の中で，不斉炭素原子をもつものを探してみましょう。

化合物 A	化合物 D	化合物 E

$$\begin{array}{c} \text{C} \\ | \\ \text{C}-\text{C}-\text{C}^*-\text{C} \\ | \\ \text{OH} \end{array} \qquad \begin{array}{c} \text{C} \\ | \\ \text{C}-\text{C}^*-\text{C}-\text{C} \\ | \\ \text{OH} \end{array} \qquad \begin{array}{c} \\ \text{C}-\text{C}-\text{C}-\text{C}^*-\text{C} \\ | \\ \text{OH} \end{array}$$

以上より，$\boxed{\text{A・D・E}}$ が正解です。

立体異性体の有無は，官能基の位置を特定する重要な情報です。立体異性体が存在する構造はすぐに判断できるようになっておきましょう。

◆重要! 立体異性体の有無

立体異性体の有無に関する情報から官能基の位置が特定できる！

問4 化合物 A〜H の中で，ヨウ素と水酸化ナトリウム水溶液を加えて加熱すると黄色沈殿を生成する化合物をすべて選び，記号で答えよ。

ヨウ素 I_2 と NaOH ときたら「ヨードホルム反応」すなわち「末端から 2 番目」です（➡ テーマ3 の p.34）。

ヨードホルム反応陽性の構造は以下の 2 種類です。

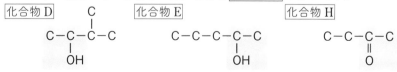

これらの構造にあてはまるのは，化合物 **D・E・H** の 3 つです。

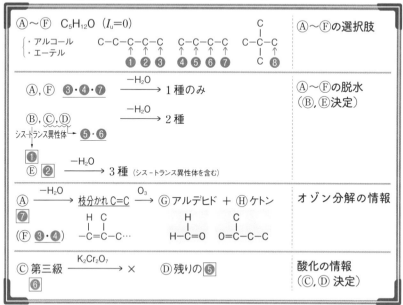

ヨードホルム反応も，構造決定では頻出の官能基の位置情報です。すぐに判断できるようになっておきましょう。

◆重要！ ヨードホルム反応

- ヨードホルム反応陽性ときたら，末端から 2 番目！！

テーマ 4 の構造決定問題「フローチャート」

解答

問1

$$CH_3-CH_2-\overset{\overset{\displaystyle CH_3}{|}}{\underset{\underset{\displaystyle OH}{|}}{C}}-CH_3$$

問2 ホルムアルデヒド

問3 A・D・E

問4 D・E・H

問5

$$H_3C-CH_2-CH_2-CH_2-\overset{\displaystyle CH_2}{\underset{\underset{\displaystyle OH}{|}}{}}$$
$$\qquad H_2C-CH_2-\overset{\overset{\displaystyle CH_3}{|}}{CH}-CH_3$$
$$\qquad \underset{\underset{\displaystyle OH}{|}}{}$$

アルデヒドとケトンの反応に不安がある人は確認しておきましょう。

◆重要！ アルデヒドの反応

● 銀鏡反応

アンモニア性硝酸銀水溶液を加えて加熱すると銀が析出。

$$\underset{\overset{\|}{O}}{R-C-H} \xrightarrow[\text{[Ag(NH}_3)_2]^+]{\text{アンモニア性硝酸銀}} \underset{\overset{\|}{O}}{R-C-O^-} + Ag\downarrow$$

〔参考〕 銀鏡反応の反応式(イオン反応式)

還元剤　$RCHO + 3OH^- \longrightarrow RCOO^- + 2H_2O + 2e^-$ ……①

酸化剤　$[Ag(NH_3)_2]^+ + e^- \longrightarrow Ag + 2NH_3$ ……②

①＋②×2 より

$RCHO + 2[Ag(NH_3)_2]^+ + 3OH^- \longrightarrow RCOO^- + 2Ag + 4NH_3 + 2H_2O$

● フェーリング液を還元する反応

フェーリング液※を加えて加熱すると酸化銅（I）の赤色沈殿が析出。

※硫酸銅（II）＋酒石酸ナトリウムカリウム＋水酸化ナトリウムの混合水溶液

$$R-\underset{\underset{O}{\|}}{C}-H \xrightarrow{\text{フェーリング液}} R-\underset{\underset{O}{\|}}{C}-O^- \ + \ Cu_2O\downarrow$$

〔参考〕フェーリング液を還元する反応の反応式（イオン反応式）

還元剤　$RCHO + 3OH^- \longrightarrow RCOO^- + 2H_2O + 2e^-$　……①

酸化剤　$2Cu^{2+} + 2OH^- + 2e^- \longrightarrow Cu_2O + H_2O$　……③

①＋③より

$$RCHO + 2Cu^{2+} + 5OH^- \longrightarrow RCOO^- + Cu_2O + 3H_2O$$

◆重要！ ヨードホルム反応

　次の構造をもつ化合物に I_2 と NaOH 水溶液を加えて加熱すると，CHI_3 の黄色沈殿を生じる。

$$\overset{1}{CH_3}-\underset{\underset{O}{\|}}{\overset{2}{C}}-R$$

$$\overset{1}{CH_3}-\underset{\underset{OH}{|}}{\overset{2}{CH}}-R \quad \xrightarrow[\text{熱}]{I_2 + NaOH} \quad R-\underset{\underset{O}{\|}}{C}-ONa + CHI_3\downarrow$$

（R は H 原子もしくはアルキル基）

　このとき，アルコールは I_2 によって酸化され，ケトン（またはアルデヒド）に変化してからヨードホルム反応が進行している。

$$CH_3-\underset{\underset{OH}{|}}{CH}-R \xrightarrow{I_2} CH_3-\underset{\underset{O}{\|}}{C}-R$$

（アルコールの酸化）　　　これからヨードホルム反応が進行

〔参考〕ヨードホルム反応の化学反応式

$$CH_3COR + 4NaOH + 3I_2 \longrightarrow CHI_3 + RCOONa + 3NaI + 3H_2O$$

Theme 5 エステル

▶ 立命館大学

本番で取りたい正解数

16 / 16 題

[問題は別冊10ページ]

イントロダクション

この問題のチェックポイント

☑ C数の情報に注目できたか
☑ 脂肪族の反応や性質が頭に入っているか
☑ 酸化還元反応式をつくることができるか

　エステルの構造決定です。エステルの構造決定は出題されやすく，有機化学において1つの目標となるテーマです。この問題を通じて，分解反応の構造決定をしっかりと確認していきましょう。

解説

　問題文に従い，順に情報をチェックしていきましょう。

化合物Aの分子式
　化合物Aは分子式 $C_6H_{10}O_2$ で表される。

　さっそく，分子式から不飽和度を求め，予想してみましょう。
分子式 $C_6H_{10}O_2$

$$不飽和度 = \frac{2 \times 6 + 2 - 10}{2} = 2$$

予想
・O原子×2 ➡ $-\overset{\displaystyle \|}{\underset{\displaystyle O}{C}}-O-$ ×1（不飽和度1を消費）

・残りのC原子×5，残りの不飽和度1 ➡ C＝C結合または環状構造×1

　化合物Aは1価のエステルで，C＝C結合または環状構造を1つもちます。ここで，エステルの構造決定について，大切なことを確認しておきましょう。

テーマ 5 エステル

45

エステルの構造決定は，必ずエステルの加水分解から始まります。

$$R_1-\underset{\underset{O}{\|}}{C}-O-R_2 \quad \xrightarrow{\text{加水分解}} \quad R_1-\underset{\underset{O}{\|}}{C}-OH \quad + \quad HO-R_2$$

エステル　　　　　　　　　　　　　カルボン酸　　　アルコール

　酸を使った加水分解もありますが，多くは NaOH を使う「けん化」です。
けん化の流れは以下のようになります。
①　NaOHaq を加えて加熱【けん化】
　➡ カルボン酸のナトリウム塩とアルコールが生成します。
　　　$R_1COOR_2 + NaOH \longrightarrow R_1COONa + \underline{R_2OH}$
②　①の反応液に酸（HClaq）を加える
　➡ 弱酸遊離反応により，カルボン酸が遊離します。
　　　$R_1COONa + HCl \longrightarrow \underline{R_1COOH} + NaCl$

　以上をまとめると，最終的な生成物はカルボン酸とアルコールであり，通
常の酸を使った加水分解生成物と同じです。
　この操作に関しては，さらっと読み流し「生成物はカルボン酸とアルコー
ル」と即答できるようになっておきましょう。

◆重要! エステルの構造決定

　• 「NaOH aq を加えて加熱した後，酸を加えた」ときたら，生成物は
　　カルボン酸とアルコール!!　（酸を使った加水分解と結果は同じ）

　それでは，実験を確認していきましょう。

[実験1] 化合物 A の加水分解
　　化合物 A に NaOHaq を加えて加熱し，反応液を酸性にした。
　　➡ 中性の化合物 B + 酸性の化合物 C

　すでに確認したように，生成物はカルボン酸とアルコールです。
　化合物 B は中性なのでアルコール，化合物 C は酸性なのでカルボン酸と
わかります。
　　　ⒶR_1COOR_2 ⟶ ⒸR_1COOH + ⒷR_2OH
　また，生成物が2つであったことから，エステルAは環状エステルでは
ありません（C＝C結合をもつエステルで，ほぼ間違いありません）。

[実験 2]

化合物 B の水溶液に $_{(a)}$ 硫酸酸性 $K_2Cr_2O_7aq$ を加えて加熱
➡ 化合物 D(←($CH_3COO)_2Ca$ の乾留で得られる)

アルコール B を $K_2Cr_2O_7$ で酸化して得られる化合物 D は，($CH_3COO)_2Ca$ を乾留して得られる化合物と同じであることから，| アセトン | 問3 D と決まります。

$$(CH_3COO)_2Ca \longrightarrow CH_3COCH_3 + CaCO_3$$

そして，酸化生成物がアセトンであったことから，アルコール B は C 数 3 の第二級アルコールである 2-プロパノールです。

2-プロパノール　　　　　　　　アセトン

テーマ
5
エステル

◆重要! 脱炭酸反応

脱炭酸反応は以下の **2** つがありますが，出題されるほとんどは次の 例 の反応です。

• カルボン酸のナトリウム塩と NaOH を混ぜ合わせて加熱するとアルカンが生成

$$RCOONa + NaOH \longrightarrow Na_2CO_3 + R-H$$

例　$CH_3COONa + NaOH \longrightarrow Na_2CO_3 + CH_4$
（メタンの製法）

• カルボン酸のカルシウム塩を空気と絶って加熱（乾留）すると，左右対称のケトンが生成

$$(RCOO)_2Ca \longrightarrow CaCO_3 + R-\overset{\displaystyle ||}{\underset{\displaystyle O}{C}}-R$$

例　$(CH_3COO)_2Ca \longrightarrow CaCO_3 + CH_3-\overset{\displaystyle ||}{\underset{\displaystyle O}{C}}-CH_3$
（アセトンの製法）

また，この構造決定は「分解反応」なので，反応前後で C の総数が保存されます。C 数を確認してみましょう。

$$\text{Ⓐ}\ R_1COOR_2 \longrightarrow \text{Ⓒ}\ R_1COOH\ +\ \text{Ⓑ}\ R_2OH$$

C 数	6	6-3=**3**	3
C=C 結合	あり	あり	なし

　化合物 A と B の C 数がわかっているため，化合物 C は C 数 3 のカルボン酸です。また，化合物 A は C=C 結合をもっており，それを化合物 C が引き継いでいると考えられます。

　以上より，化合物 C は C=C 結合をもつ C 数 3 のカルボン酸，「アクリル酸（CH_2=CH-COOH）」でほぼ間違いありません。

　よって，化合物 A はアクリル酸（C）と 2-プロパノール（B）を脱水縮合したものです。

アクリル酸　　2-プロパノール　　　　　　　　　　　化合物 A（仮決定）

　これで間違いないことを，この後の情報で裏付けていきましょう。

◆**重要!** 分解反応の構造決定

・**反応前後で C の総数が保存される!!**（C 数に注目!!）

［実験 3］
　化合物 B に濃硫酸を加えて高温で加熱 ➡ 化合物 E
　（化合物 C と化合物 E は (b) 合成樹脂の原料として重要）

　化合物 B はアルコール（2-プロパノール）なので「濃硫酸を加えて加熱」ときたら脱水です。

2-プロパノール　　　　　　　プロピレン

よって，化合物 E は プロピレン [問3] E と決まります。化合物 C（アクリル酸），化合物 E はともにビニル基をもち，付加重合により高分子化合物に変化します。それぞれ，食品容器，高吸水性高分子（➡ p.176）などに利用されている合成樹脂です。

$$C-C=C \xrightarrow{\text{付加重合}} \left[\begin{array}{c} C-C \\ | \\ C \end{array} \right]_n$$

$$C=C-COOH \xrightarrow{\text{付加重合}} \left[\begin{array}{c} C-C \\ | \\ COOH \end{array} \right]_n$$

[実験 4]
　化合物 C に (C)臭素水を反応させる ⟶ 赤褐色の液が無色になった

「臭素水の赤褐色が消える」というのは，C＝C 結合，C≡C 結合の検出法（➡p.20 ◆重要! アルケンの反応）です。C＝C 結合や C≡C 結合に Br_2 の 付加 [問6] が起こり，臭素水（Br_2aq）の赤褐色が消えます。

これより，化合物 C は C＝C 結合をもつことが決まり，アクリル酸であると裏付けされます。

◆重要! C＝C 結合・C≡C 結合の検出法

・臭素水の赤褐色が消える!!

[実験 5]
　化合物 C 0.36 g を含む水溶液を完全に中和
　➡ 0.10 mol/L の KOHaq が 50 mL 必要

化合物 C（アクリル酸）の分子量を M とすると，中和点での量的関係の式が以下のように成立します。

$$\frac{0.36}{M} \times 1 = 0.10 \times \frac{50}{1000} \qquad M = \boxed{72} \text{ [問7] 分子量}$$

これは，アクリル酸 $CH_2＝CH-COOH$（分子式 $\boxed{C_3H_4O_2}$ [問7] 分子式）の分子量と一致します。

以上より，[実験 2] で仮決定していた化合物 A が 問8 の解答で間違いありません。

[問8] A

$$\begin{array}{c} C \\ | \\ C=C-C-O-C-C \\ \| \\ O \end{array}$$

それでは，ここまでで触れていない問題を順に確認しましょう。

問1 二クロム酸イオンの反応式は以下のとおりである。 **あ** ～
え にあてはまる最も適当な数値を選択肢から選べ。

$$Cr_2O_7^{2-} + \boxed{\text{あ}}\, H^+ + \boxed{\text{い}}\, e^- \longrightarrow \boxed{\text{う}}\, Cr^{3+} + \boxed{\text{え}}\, H_2O$$

半反応式を含め，酸化還元反応式は化学のすべての分野で必須です。穴埋
めでなくてもつくれるように復習しておきましょう。

- 何に変化するか書く（暗記）。

$$Cr_2O_7^{2-} \longrightarrow 2Cr^{3+}$$

- 両辺の O 原子の数を H_2O でそろえる。

$$Cr_2O_7^{2-} \longrightarrow 2Cr^{3+} + 7H_2O$$

- 両辺の H 原子の数を H^+ でそろえる。

$$Cr_2O_7^{2-} + 14H^+ \longrightarrow 2Cr^{3+} + 7H_2O$$

- 両辺の電荷を e^- でそろえる。

$$Cr_2O_7^{2-} + \boxed{14}^{\text{あ}} H^+ + \boxed{6}^{\text{い}} e^- \longrightarrow \boxed{2}^{\text{う}} Cr^{3+} + \boxed{7}^{\text{え}} H_2O$$

問2 化合物 B の性質として最も適切なものを下の選択肢の中から <u>2</u>
つ選べ。
① アンモニア性硝酸銀水溶液を加えて加熱すると，銀が析出する。
② 臭素水を反応させると，赤褐色の液が無色になる。
③ ナトリウムと反応させると，水素が発生する。
④ ニンヒドリン水溶液を加えて加熱すると，紫色に呈色する。
⑤ ヨウ素と水酸化ナトリウム水溶液を反応させると，黄色沈殿が
生じる。

化合物 B（2-プロパノール）にあてはまる選択肢を見つけましょう。
① 銀鏡反応はアルデヒドの反応です。
② 臭素水の赤褐色が消えるのは C＝C 結合，C≡C 結合の検出法です。
③ Na と反応して H_2 発生は，－OH 基の検出法です（アルコールだけで
なく，フェノールも陽性）。
④ ニンヒドリン反応はアミノ酸やペプチドの検出法です。
⑤ ヨードホルム反応は「末端から 2 番目」に C＝O 結合または－OH 基
がある物質の検出法です。

$$CH_3-\underset{\underset{OH}{|}}{C}H-R \qquad CH_3-\underset{\underset{O}{\|}}{C}-R$$

（R は H 原子またはアルキル基）

以上より，③・⑤ が正解です。

問5 合成樹脂に関する以下の文章中の お ～ く にあてはまる最も適切な語句を下の選択肢の中から選べ。

化合物 E が お した熱可塑性樹脂は，重合方法の進歩により，置換基の立体規則性が高くなることで耐熱性が向上しており，さまざまな容器に用いられている。ペットボトルの原料のポリエチレンテレフタラートは，テレフタル酸とエチレングリコールが か した熱可塑性樹脂であり，テレフタル酸とエチレングリコールは き 結合している。また，絹に近い肌触りをもつ合成繊維であるナイロン 66 は，アジピン酸とヘキサメチレンジアミンが か した高分子であり，アジピン酸とヘキサメチレンジアミンは く 結合している。

化合物 E（プロピレン）が 付加重合(お) したポリプロピレンは熱可塑性樹脂で，さまざまな容器に利用されています。

そして，ポリエチレンテレフタラートはテレフタル酸とエチレングリコールが 縮合重合(か) により エステル(き) 結合で結びついた熱可塑性樹脂で，ポリエステルといわれます。

$$n\ \text{HO}\text{OC}-\!\!\left\langle\ \right\rangle\!\!-\text{CO}\text{OH}\ +\ n\ \text{H}\text{O}-(CH_2)_2-\text{O}\text{H}$$

テレフタル酸　　　　　　　エチレングリコール

$$\xrightarrow{\text{縮合重合}} \text{HO}\left[\underset{\underset{O}{\|}}{C}-\!\!\left\langle\ \right\rangle\!\!-\underset{\underset{O}{\|}}{C}-O-(CH_2)_2-O\right]_n\!\!H\ +\ (2n-1)H_2O$$

PET

テーマ **5** エステル

また，ナイロン66はアジピン酸とヘキサメチレンジアミンが縮合重合により アミド 結合で結びついた合成繊維です。

n HOOC$-$(CH$_2$)$_4$$-$COOH $+$ n H$_2$N$-$(CH$_2$)$_6$$-NH_2$

アジピン酸　　　　　　　　ヘキサメチレンジアミン

$\xrightarrow{\text{縮合重合}}$ HO$\left[\begin{array}{c}\text{C}-(\text{CH}_2)_4-\text{C}-\text{N}-(\text{CH}_2)_6-\text{N}\\ \| \qquad\qquad \| \ | \qquad\qquad\quad |\\ \text{O} \qquad\qquad \text{O N} \qquad\qquad\quad \text{H}\end{array}\right]_n$ H $+$ $(2n-1)$H$_2$O

ナイロン66

〔**参考**〕：本問のように C＝C 結合または環状構造をもつエステルの構造決定では，加水分解成生物が通常のエステルとは異なる場合が考えられます。

本問では結果的に関係なかったため，触れておりませんが， テーマ10 （→p.92）では扱っています。確認しておきましょう。

テーマ5の構造決定問題「フローチャート」

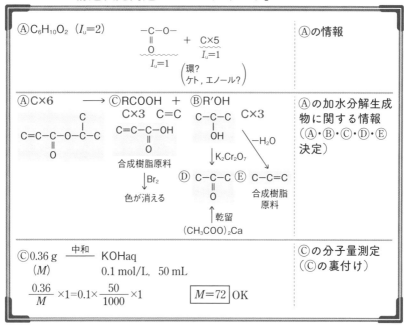

解答

問1 あ ⑭   い ⑥   う ②   え ⑦

問2 ③・⑤

問3 D アセトン   E プロピレン(プロペン)

問4 B ③   E ②

問5 お ③   か ②   き ⑥   く ⑤

問6 ⑥

問7 分子量：**72**   分子式：$C_3H_4O_2$

問8
$$CH_2=CH-\underset{\underset{O}{\|}}{C}-O-\underset{\underset{CH_3}{|}}{CH}-CH_3$$

エステルの反応に不安がある人は確認しておきましょう。

◆重要! エステルの反応

● 加水分解

　エステルに水と少量の酸を加えて加熱すると，カルボン酸とアルコールに変化する。

　つまり，エステル化の逆反応である。

$$RCOOR' + H_2O \underset{\text{エステル化}}{\overset{\text{加水分解}}{\rightleftarrows}} RCOOH + R'OH$$

　NaOH などの塩基を加えて加熱すると，加水分解生成物のカルボン酸が中和反応により取り除かれ，加水分解が促進される。

　このような塩基を用いた加水分解をけん化という。

$$RCOOR' + H_2O \longrightarrow RCOOH + R'OH$$
$$+)\ RCOOH + NaOH \longrightarrow RCOONa + H_2O$$
$$\overline{RCOOR' + NaOH \longrightarrow RCOONa + R'OH}$$
けん化

［問題は別冊12ページ］

イントロダクション

この問題のチェックポイント

☑ ベンゼン・アルキルベンゼンの反応が頭に入っているか
☑ C_9H_{10} の異性体を書き出すことができるか
☑ 「反応前後で官能基の位置は変化しない」が徹底できているか

　ベンゼン，アルキルベンゼンに関する問題です。アルキルベンゼンの酸化反応は，さまざまなテーマの構造決定に取り入れられるため，しっかりと確認しておきましょう。

解 説

問題文に従って情報を確認していきましょう。

分子式 $C_7H_6O_2$ の化合物について

　トルエンやスチレンを適切な条件で酸化すると，分子式 $C_7H_6O_2$ の化合物 ア が得られた。 ア の炭素数はスチレンより少ないことから，この酸化反応では1か所の炭素－炭素結合が切断されたことがわかる。

　「トルエンやスチレンを適切な条件で酸化する」ことから，すぐに「アルキルベンゼンの酸化」とわかるため，生成物は 安息香酸 問1 ア（分子式 $C_7H_6O_2$）とわかります。

$$\text{（トルエン）} \xrightarrow{\text{KMnO}_4} \text{（安息香酸 COOH）}$$

$$\text{（スチレン CH=CH}_2\text{）} \xrightarrow{\text{KMnO}_4} \text{（安息香酸 COOH）}$$

◆重要！アルキルベンゼンの酸化

アルキルベンゼンに$KMnO_4$（中性条件下）を加えて加熱すると、アルキル基が酸化される。

このとき、ベンゼンに直結している C 原子が酸化されて$-COOH$ に変化する（ベンゼンに直結している C 原子が狙われやすい）。

安息香酸

フタル酸

中性条件下で反応させても、反応が進行すると塩基性に変化するため、実際には$-COOH$ ではなく$-COOK$ となっている。
（どちらで出題されても対応できるようになっておこう）

$$\text{(トルエン)} + 2H_2O \longrightarrow \text{(安息香酸)} + \underline{6H^+} + 6e^-$$

$$MnO_4^- + 2H_2O + 3e^- \longrightarrow MnO_2 + \underline{4OH^-} \quad (\times 2)$$

+)
_____

$$\text{(トルエン)} + 2MnO_4^- + 6H_2O \longrightarrow \text{(安息香酸イオン)} COO^- + 2MnO_2 + OH^- + 7H_2O$$

両辺に$K^+ \times 2$

$$\text{(トルエン)} CH_3 + 2KMnO_4 \longrightarrow \text{(安息香酸カリウム)} COOK + 2MnO_2 + KOH + H_2O$$

念のため、分子式から不飽和度を求めて照らし合わせておきましょう（酸化の条件が与えられずに構造決定する場合は、次のように予想します）。

分子式 $C_7H_6O_2$

$$不飽和度 = \frac{2 \times 7 + 2 - 6}{2} = 5$$

✦ **予 想** ✦

- C 原子×6 ➡ **ベンゼン環×1（不飽和度 4 を消費）**
- 残りの C 原子×1，O 原子×2，残りの不飽和度 1

➡ ① $\begin{pmatrix} -\overset{\displaystyle |}{\underset{\displaystyle ||}{C}}-O- \\ O \end{pmatrix}$ または② $\begin{pmatrix} -\overset{\displaystyle |}{\underset{\displaystyle ||}{C}}- \quad + \quad -O- \\ O \end{pmatrix}$ が別々に結合した二置換体

$\begin{cases} ① ➡ C 数より，安息香酸のみ \\ ② ➡ C 数より，-CHO と -OH が結合した二置換体 \end{cases}$

　本問では，一置換体（トルエン，スチレン）から得られたことがわかるため，②が浮かばなくても，①の安息香酸と決定できます（反応によって官能基の位置は変化しない）。

　それでは，下線部に関する **問2** を確認しましょう。

> **問2** 炭素−炭素結合の切断反応は，工業的にフェノールを合成する際にも用いられている。この工業的合成法の名称を答えよ。

　フェノールの工業的製法といえば，**クメン法** です。
　フェノールについては，製法も含めて **テーマ7** （➡ p.64）で扱っています。クメン法の流れが浮かばなかった人は，確認しておきましょう。

化合物 A〜D の分子式
　　分子式 C_9H_{10} で表される芳香族炭化水素である。

　分子式から化合物 A〜D の不飽和度を求めてみましょう。
分子式 C_9H_{10}

$$不飽和度 = \frac{2 \times 9 + 2 - 10}{2} = 5$$

✦ **予 想** ✦

- C 数が 6 以上・不飽和度 4 以上 ➡ **ベンゼン環×1（不飽和度 4 を消費）**
- 残りの C 数 3・残りの不飽和度 1 ➡ **C＝C 結合または環×1**

以上より，化合物 A～D は，C=C 結合または環を 1 つもつ芳香族炭化水素であり，以下のような化合物が選択肢となります。

- C=C 結合×1

① ② ③ ④ (*o・m・p* あり)

- 環状構造×1

⑤ ⑥ ⑦

化合物 A～D の酸化

適切な条件で酸化した。

➡ 1 つだけが，飲料の透明容器などに利用される高分子化合物 ┃ **イ** ┃ の原料である芳香族化合物 ┃ **ウ** ┃ を与えた。

飲料の透明容器とは，PET ボトルと考えられます。PET ボトルは，テレフタル酸 問1 ウ とエチレングリコールから合成されるポリエチレンテレフタラート 問1 イ でつくられています。

$$n \; \text{HO:OC} \text{—} \langle\!\!\!\text{○}\!\!\!\rangle \text{—} \text{CO:OH} \; + \; n \; \text{HO} \text{—} (CH_2)_2 \text{—} \text{OH}$$

テレフタル酸　　　　　　　　エチレングリコール

$$\xrightarrow{\text{縮合重合}} \; \text{HO} \left[\begin{array}{c} \underset{\parallel}{C} \\ O \end{array} \text{—} \langle\!\!\!\text{○}\!\!\!\rangle \text{—} \begin{array}{c} \underset{\parallel}{C} \\ O \end{array} \text{—} O \text{—} (CH_2)_2 \text{—} O \right]_n H \; + \; (2n-1)H_2O$$

PET

よって，化合物 A～D の 1 つはパラ位の二置換体で，アルキルベンゼンの酸化によりテレフタル酸に変化したことがわかります（反応により官能基の位置は変化しない）。

適切なのは，**4**のパラ位の二置換体のみです。

$$\underset{\substack{\text{**4**(p 位)}}}{\chemfig{C}-\chemfig{C=C}} \xrightarrow{KMnO_4} \underset{\substack{\text{テレフタル酸}}}{\chemfig{COOH}-\chemfig{COOH}}$$

◆重要！ アルキルベンゼンの酸化

　アルキルベンゼンに $KMnO_4$（**中性条件下**）を加えて加熱すると，アルキル基が酸化され，ベンゼン環に直結している C 原子が $-COOH$ 基に変化する。

$$\chemfig{C\cdots} \xrightarrow{KMnO_4} \underset{\substack{\text{安息香酸}}}{\chemfig{COOH}}$$

$$\chemfig{C\cdots \\ C\cdots} \xrightarrow{KMnO_4} \underset{\substack{\text{フタル酸}}}{\chemfig{COOH \\ COOH}}$$

化合物 A～D の H_2 付加
　適切な触媒の存在下で水素との反応
　➡A：変化なし
　➡B～D：1分子あたり 1 分子の水素と反応して分子式 C_9H_{12} の芳香族炭化水素に変化した。
　　　　B と C からは同一化合物 E が生成し，D からは F が生成した。

　H_2 と反応しなかった化合物 A は $C=C$ 結合をもたない**5**～**7**です。**問3**
より，A は分子中に不斉炭素原子を 1 つもつことから，**6**と決定できます。

問3 A

また，H_2 と（付加）反応した化合物 B～D は，C＝C 結合をもつ❶～❹です。いずれも C＝C 結合を 1 つもつため，1 分子の H_2 が付加して C_9H_{12} に変化します。

そして，B と C からは同一化合物 E が生成したことから，B と C の C 骨格が同じとわかります。同じ骨格をしているのは❶と❷なので，化合物 E は以下のように決定します。

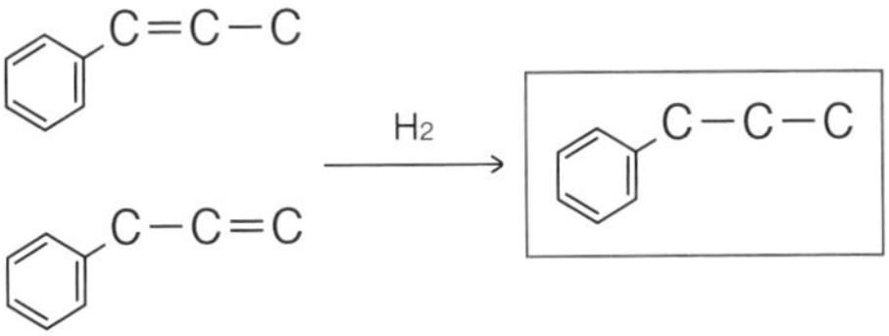

また，D の H_2 付加生成物は E とは異なる F であったことから，❸もしくは❹のいずれかです。

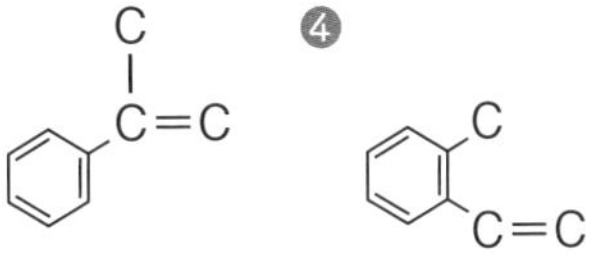

$(o \cdot m \cdot p$ あり$)$

先述の「酸化反応」の情報から化合物 A～D のいずれかが❹のパラ位と決まっているため，これが化合物 D となり，F は以下のように決定できます。

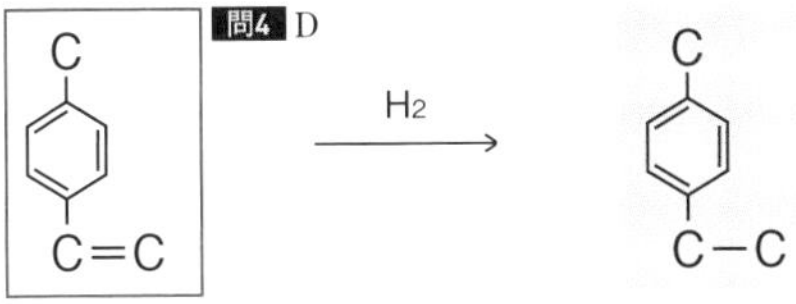

◆重要！付加生成物の情報

・付加生成物が同じ ➡ 付加前の化合物の C 骨格が同じ!!

それでは，　問6　を確認してみましょう。

> 問6　ナフタレンを適切な条件で酸化すると分子式 $C_8H_4O_3$ の化合物 G
> が生成する。G の名称を答えよ。また，G が生成するためには，少な
> くとも何か所の炭素−炭素結合の切断が必要か。

　本問の酸化は「ベンゼン環の酸化開裂」です。まずはベンゼンで確認し，
ナフタレンに応用してみましょう。

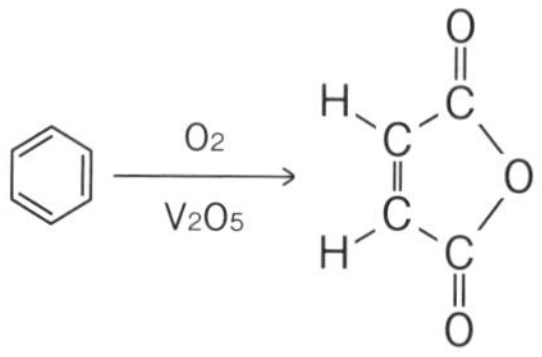

無水マレイン酸

　ベンゼンを加熱しながら酸化バナジウム（Ⅴ）V_2O_5 存在下で空気酸化する
と，無水マレイン酸が生じます。
　ナフタレンで同様の反応を起こすと，以下のように 無水フタル酸 G が生
成します。

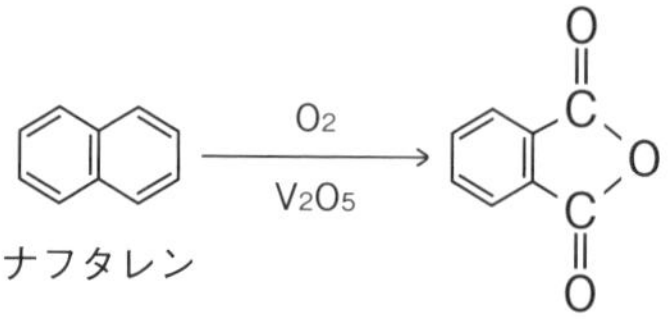

ナフタレン

無水フタル酸

　この反応の過程で，以下に示す 2 か所の炭素−炭素結合が切断されてい
ます。

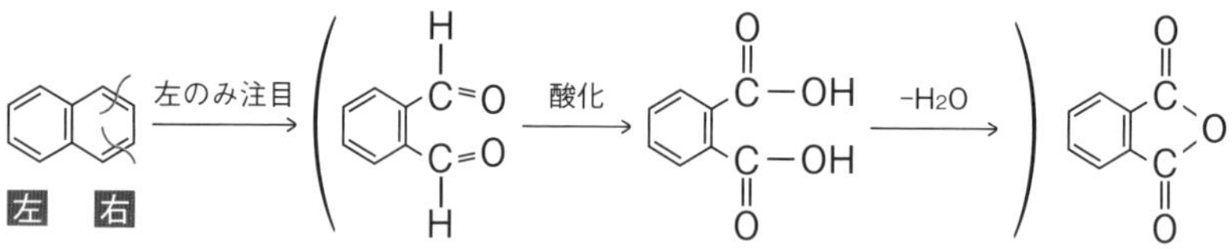

◆重要！ ベンゼン環の酸化開裂

酸化バナジウム（V）V_2O_5 存在下で空気酸化すると，ベンゼン環の開裂が起こり，酸無水物が生成する。

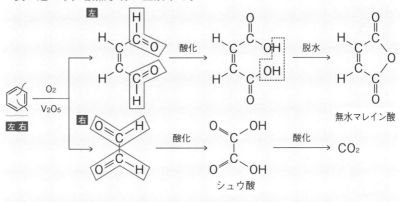

無水マレイン酸

シュウ酸

テーマ6の構造決定問題「フローチャート」

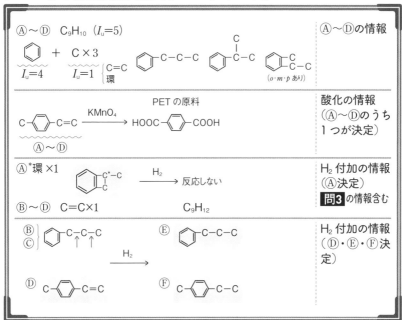

解答

問1 ア　安息香酸　　イ　ポリエチレンテレフタラート
　　　ウ　テレフタル酸

問2 クメン法

問3 A

$$\text{(ベンゼン環)} \begin{array}{l} CH-CH_3 \\ CH_2 \end{array}$$

問4 D

$$\text{(ベンゼン環)} \begin{array}{l} CH_3 \\ CH=CH_2 \end{array}$$

問5 E

$$\text{(ベンゼン環)}-CH_2-CH_2-CH_3$$

問6 G　無水フタル酸　切断か所：**2**

　本問では扱っていないベンゼンの反応もあります。不安な人は確認してお
きましょう。

◆重要! ベンゼンの反応

● **置換反応**

　・ **ハロゲン化**

$$\text{(ベンゼン環)}-H + Cl_2 \xrightarrow{Fe} \text{(ベンゼン環)}-Cl + HCl$$
$$(Cl-Cl) \qquad \text{クロロベンゼン}$$

　・ **スルホン化**

$$\text{(ベンゼン環)}-H + H_2SO_4 \longrightarrow \text{(ベンゼン環)}-SO_3H + H_2O$$
$$(HO-SO_3H) \qquad \text{ベンゼンスルホン酸}$$

・ニトロ化

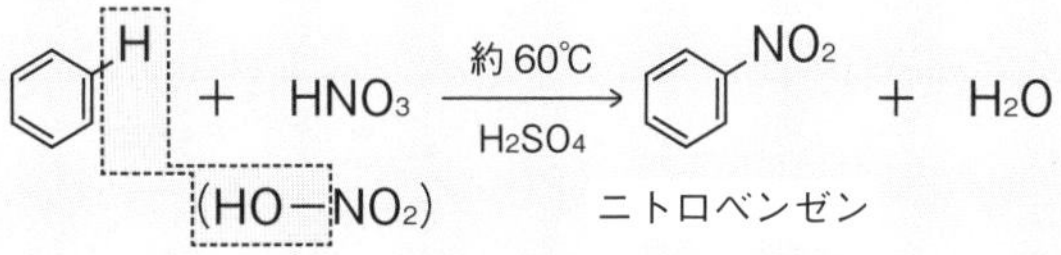

ニトロベンゼン

（p-ジニトロベンゼン（爆発性）の生成を防ぐため，約60℃で行う）

● **付加反応**：3分子同時の付加が条件（1分子だけの付加は起こらない）

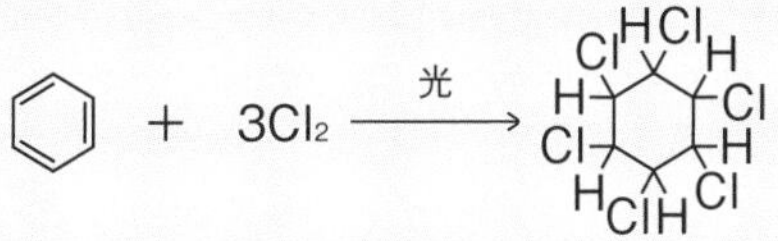

ヘキサクロロ
シクロヘキサン

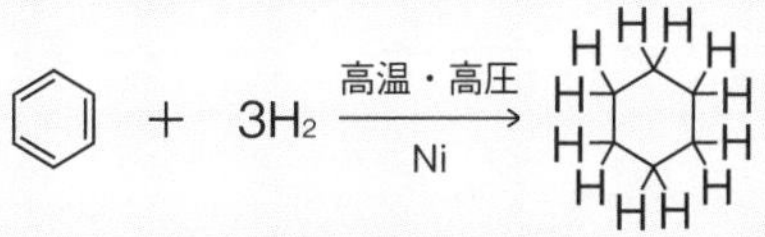

シクロヘキサン

● **酸化開裂**

ベンゼン環を V_2O_5 存在化で空気酸化すると酸無水物が生成（➡p.61）

● **アルキルベンゼンの酸化**

$KMnO_4$（中性条件下）を加えて加熱すると，アルキル基が酸化されて－COOH基に変化（➡p.55）

Theme
7

フェノール

▶ 早稲田大学（基幹理工・創造理工・先進 理工学部）

本番で取りたい
正解数

5 / **7** 題

［問題は別冊14ページ］

イントロダクション

この問題のチェックポイント

☑ $C_9H_{12}O$ の異性体を考えることができるか
☑ フェノールの反応が頭に入っているか

　フェノール類を含む芳香族の構造決定です。フェノール類を扱うときは，アルコール・エーテルも選択肢となるため，それらの反応についてもしっかりと復習しておきましょう。

解説

　有機化合物の A～G について順に情報を確認していきましょう。

有機化合物 A～G について
　分子式が $C_9H_{12}O$ で，ベンゼン環を含む化合物である。

　さっそく，分子式から不飽和度を求め，予想しましょう。
分子式 $C_9H_{12}O$

$$不飽和度 = \frac{2 \times 9 + 2 - 12}{2} = 4$$

予 想

・C 原子×6
　➡ ベンゼン環×1（不飽和度 4 を消費）
・残りの C 原子×3，O 原子×1，残りの不飽和度 0
　➡ フェノール・アルコール・エーテル

　以上より，化合物 A～G は，ベンゼン環に C 原子が 3 つ，単結合で結合している C 骨格のフェノール，アルコール，エーテルです。

　それでは各実験の情報を確認していきましょう。

[実験1] Na との反応

　化合物 A〜G のジエチルエーテル溶液にナトリウムを加えると，いずれの溶液からも気体が発生した。

　「Na と反応して H_2 が発生」は ヒドロキシ基 [問1]（−OH）の検出法です。

　化合物 A〜G はいずれも気体（ 水素 [問1] ）が発生したことから，ヒドロキシ基をもつフェノールかアルコールとわかります。

◆重要！ Na と反応して H_2 発生

　• 芳香族ではフェノール，もしくはアルコール!!

[実験2] ヨードホルム反応

　化合物 A〜G に対して NaOHaq と I_2 を加えて加熱すると，化合物 B，G のみ，特有の臭気のある黄色沈殿が生じた。

　化合物 B と G はヨードホルム反応陽性なので，末端から2番目に−OH基をもつアルコールとわかります。

ヨードホルム反応陽性のアルコール ：

$$\overset{1}{CH_3}-\overset{2}{CH}-R \quad \begin{pmatrix} R は H 原子 \\ もしくは \\ アルキル基 \end{pmatrix}$$
$$\underset{OH}{|}$$

　よって，化合物 B と G は以下の❶，❷のどちらかです。

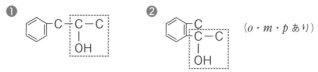

❶ C−C−C（OH）　　❷ C−C−C（OH）　（o・m・p あり）

◆重要！ ヨードホルム反応陽性

　• ヨードホルム反応陽性ときたら，末端から2番目!!

[実験3] 旋光性

　化合物 A, B, C, G ➡ 旋光性を示す。

　化合物 A, B, C, G の酸化生成物 ➡ C の酸化生成物のみ旋光性を示す。

化合物 A，B，C，G は旋光性を示したので，不斉炭素原子をもちます。考えられる異性体は以下の 4 つ（❶～❹）です。

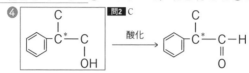

❶～❹のうち，酸化生成物になっても不斉炭素原子をもつのは，**不斉炭素原子に－OH が結合していない**❹のみなので，化合物 C は❹と決まります。

❹
```
        C
        |
 ⬡ —C*—C      ──酸化──▶      ⬡ —C*—C—H
    |                          |      ‖
    OH                         OH     O
```
問2 C

また，〔**実験 2**〕より化合物 B と G は❶か❷のどちらかとわかっているため，化合物 A は残りの❸と決まります。

❸
```
        A
 ⬡ —C*—C—C
    |
    OH
```

◆**重要！** アルコールとその酸化生成物が共に不斉炭素原子をもつとき

　• アルコールの不斉炭素原子に－OH が結合していない!!

〔**実験 4**〕塩化鉄（Ⅲ）水溶液による呈色
　　塩化鉄（Ⅲ）水溶液を加えると，化合物 E のみ呈色

「塩化鉄（Ⅲ）水溶液を加えると紫に呈色」は，フェノール性ヒドロキシ基の検出法です。

　よって，化合物 E のみフェノール類（すなわち E 以外はすべてアルコール）と決まります。

◆**重要！** フェノール性ヒドロキシ基の検出法

　•塩化鉄（Ⅲ）水溶液を加えると青紫に呈色!!　（錯イオンの色）

〔**実験 5**〕脱水生成物
　　化合物 A，B を酸性条件下で加熱 ➡ ともに化合物 H に変化

アルコールに酸を加えて加熱しているので，| 脱水 | [問4] 反応です（通常は，濃硫酸を加えて加熱）。

化合物 A と B の脱水生成物がともに化合物 H であったことから，化合物 A と B は C 骨格が同じアルコールです。また，ここまでの情報で A は ❸，B(G) は ❶ または ❷ とわかっているため，B は ❶ と決定できます。

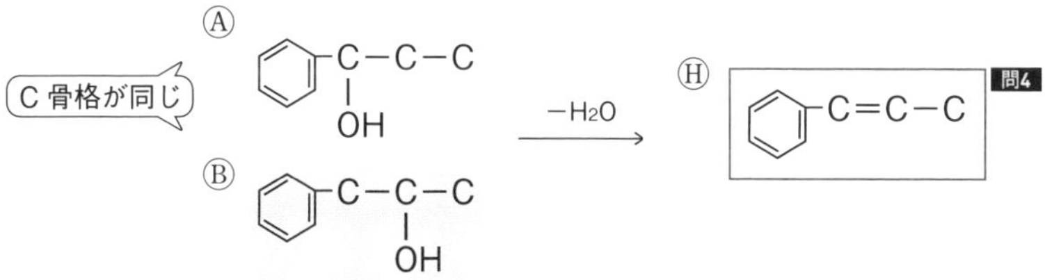

以上より，❷ は G と決定です。

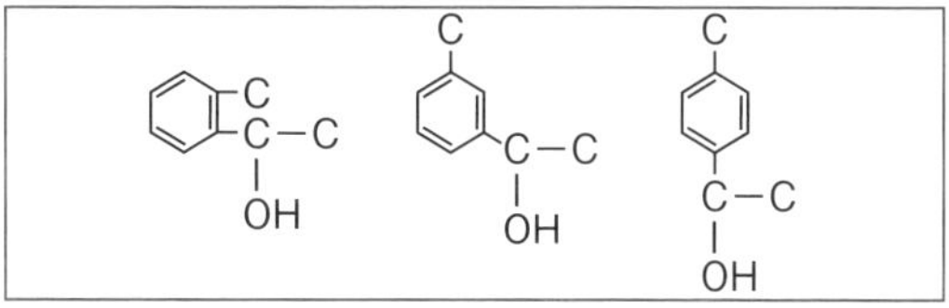

◆重要！ 付加生成物・脱水生成物が同じ

付加生成物や脱水生成物が同じ化合物は C 骨格が同じ！

[実験 6] 酸化反応
　化合物 D，E は酸化されない。

フェノールとアルコールのうち，酸化されないのは，フェノールと第三級アルコールです。[実験 4] より化合物 E のみフェノール類と決定しているため，化合物 D は第三級アルコールであり，1 つしか考えられないため，次のように決定できます。

第三級アルコール：

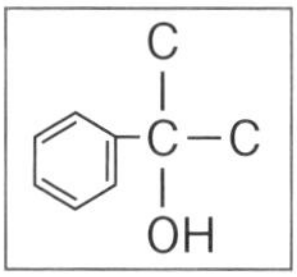

◆重要! アルコールの酸化

• 第一級アルコール ⟶ アルデヒド ⟶ カルボン酸
• 第二級アルコール ⟶ ケトン
• 第三級アルコール ⟶ 酸化されない

[実験7] エステル化
　化合物 E を強い酸化剤で酸化 ➡ 化合物 I
　化合物 I + CH_3OH ➡ サリチル酸メチル

まず，明らかになっている物質がある後半の情報から考えましょう。

「化合物 I とメタノールを触媒下で反応させるとサリチル酸メチルが生成した」ことから，化合物 I はサリチル酸とわかります。

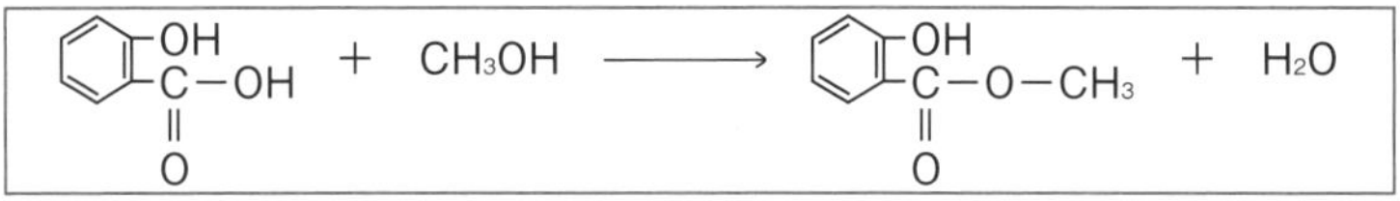

そして，化合物 I（オルト位の二置換体）は化合物 E の酸化生成物であることから，化合物 E はオルト位二置換体のフェノール類と決まります。次の2種類のどちらかです。

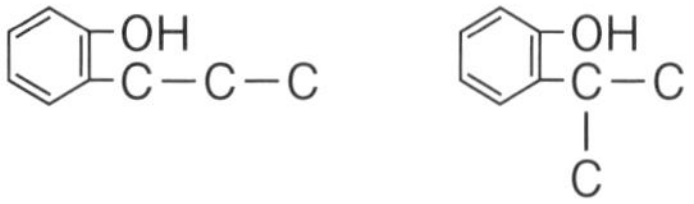

ここではアルキルベンゼンの酸化が起こっています。プロピル基またはイソプロピル基が $KMnO_4$ によって酸化され，カルボキシ基に変化しています。

◆重要! ベンゼン環に結合している官能基の位置関係

• ベンゼン環に結合している官能基の位置関係は変わらない!!
　（オルト位にある官能基は，反応してもオルト位のまま）

[実験8] アルキルベンゼンの酸化
　化合物 F を $KMnO_4$ で酸化すると，カルボキシ基を3つ有する化合物に変化した。

まず，化合物 F を KMnO₄ で酸化すると－COOH を有する化合物に変化したことから，以下の 2 つの反応が考えられます。

- 第一級アルコールの酸化
- アルキルベンゼンの酸化

〔**実験 4**〕より化合物 F はアルコールと決まっているため，上記 2 つの反応がともに進行し，3 価のカルボン酸になったと考えられます。

例

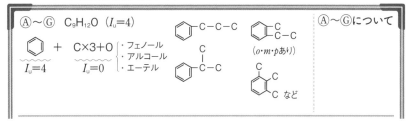

では，上記のような三置換体の異性体の数を確認してみましょう。C 骨格は以下に示す 3 種類です。

これらの骨格にある 3 つのメチル基の 1 つに－OH をつけると，化合物 F の候補になります。

－OH をつける場所は上記の **6 種類** ^{問3} です。

テーマ 7 の構造決定問題「フローチャート」

Ⓐ～Ⓖ　C₉H₁₂O　(I_u=4)	Ⓐ～Ⓖについて

ベンゼン環 (I_u=4) ＋ C×3＋O (I_u=0)
・フェノール
・アルコール
・エーテル

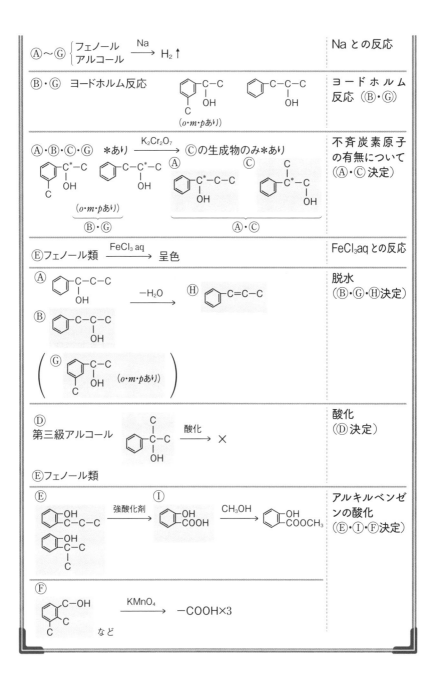

Ⓐ～Ⓖ { フェノール / アルコール } $\xrightarrow{\text{Na}}$ H₂↑	Na との反応
Ⓑ・Ⓖ ヨードホルム反応	ヨードホルム反応（Ⓑ・Ⓖ）
Ⓐ・Ⓑ・Ⓒ・Ⓖ *あり $\xrightarrow{\text{K}_2\text{Cr}_2\text{O}_7}$ Ⓒの生成物のみ*あり	不斉炭素原子の有無について（Ⓐ・Ⓒ決定）
Ⓔフェノール類 $\xrightarrow{\text{FeCl}_3\text{ aq}}$ 呈色	FeCl₃aq との反応
Ⓐ $\xrightarrow{-\text{H}_2\text{O}}$ Ⓗ	脱水（Ⓑ・Ⓖ・Ⓗ決定）
Ⓓ 第三級アルコール $\xrightarrow{\text{酸化}}$ ✕　Ⓔフェノール類	酸化（Ⓓ決定）
Ⓔ $\xrightarrow{\text{強酸化剤}}$ Ⓘ $\xrightarrow{\text{CH}_3\text{OH}}$	アルキルベンゼンの酸化（Ⓔ・Ⓘ・Ⓕ決定）
Ⓕ $\xrightarrow{\text{KMnO}_4}$ −COOH×3　など	

70

解答

問1 官能基：ヒドロキシ基　　　気体：水素

問2 化合物 C

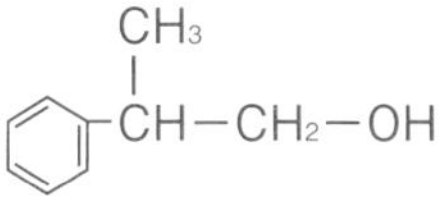

化合物 D

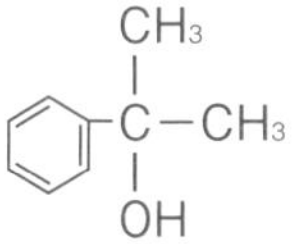

問3 6 種類

問4 反応名：脱水　　構造式：

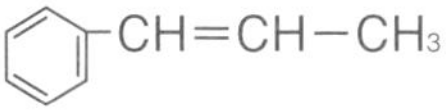

問5

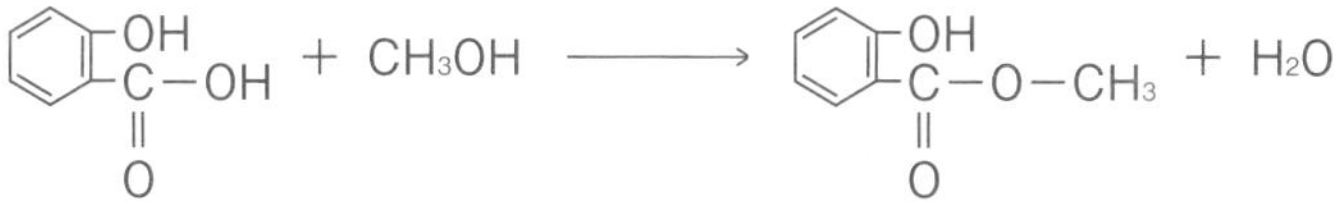

問6

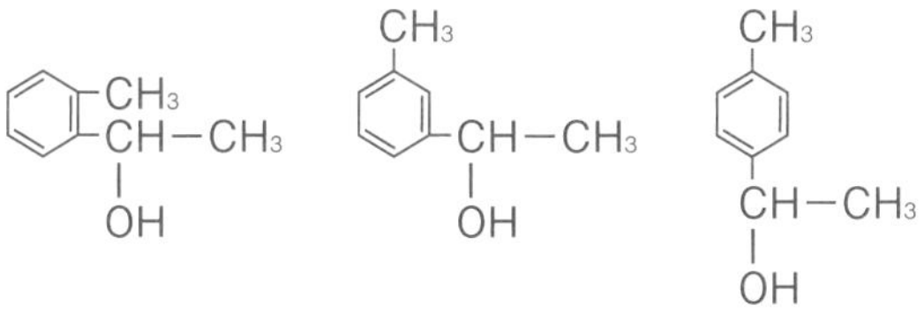

不安がある人は，フェノールの反応をまとめてチェックしておきましょう。

◆重要! フェノールの反応

　ベンゼン環に直結した－OH 基（フェノール性ヒドロキシ基）は非常に弱い酸性を示す。

- **Na と反応して H₂ 発生**：－OH 基の検出法
  - アルコールと同様である。
- **塩化鉄（Ⅲ）水溶液で紫に呈色**：フェノール性－OH 基の検出法
  - アルコールとの区別に利用される。
- **置換反応**
  - フェノール性－OH 基のオルト位とパラ位で置換反応が進行する。（オルト・パラ配向性）
- **エステル化**
  - 反応性が低く，相手が酸無水物なら進行する。

また，フェノールに関しては，製法も大切です。あわせて確認しておきましょう。

◆重要! フェノールの製法

● ベンゼンスルホン酸ナトリウムのアルカリ融解

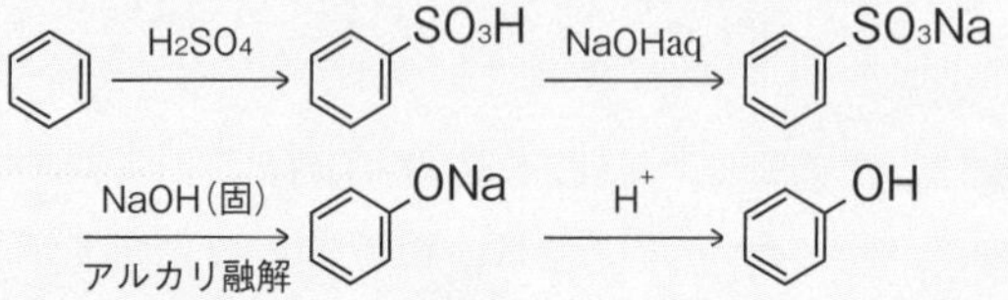

● クロロベンゼンの加水分解

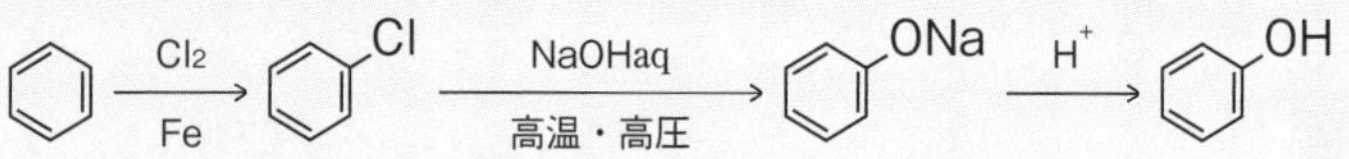

● クメン法（工業的製法）：副産物のアセトンも重要

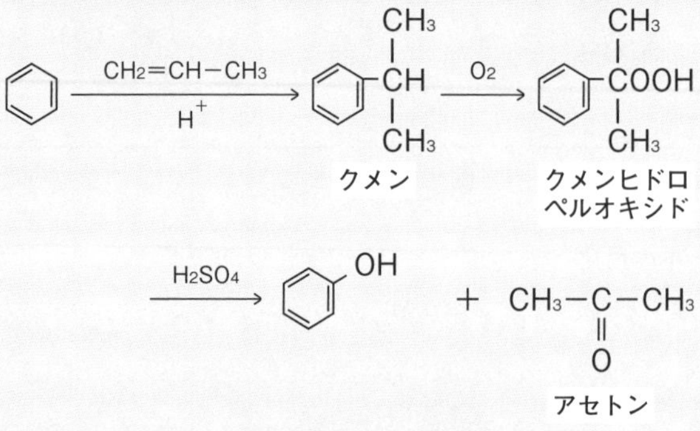

クメン　　　　クメンヒドロ
　　　　　　　ペルオキシド

＋ $CH_3-\underset{\underset{O}{\|}}{C}-CH_3$

アセトン

● 塩化ベンゼンジアゾニウムの水溶液を加熱：発生する N_2 も重要

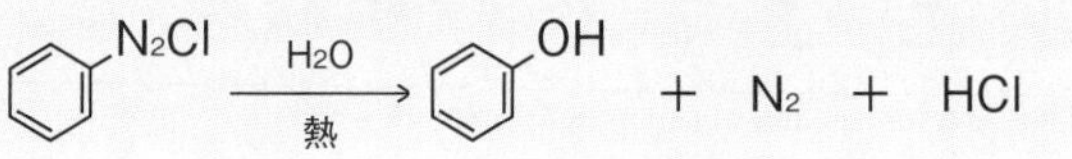

＋ N_2 ＋ HCl

そして，本問でも登場したサリチル酸についても確認しておきましょう。

✦重要！ サリチル酸

● **合成法（コルベ・シュミット反応）**

フェノールを原料に合成される。

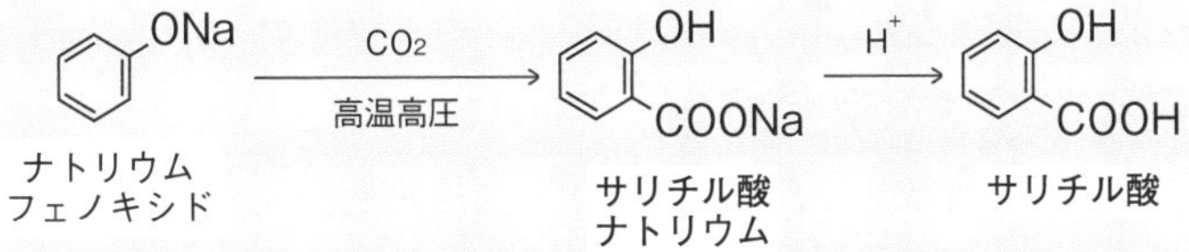

ONa
CO2
高温高圧
OH
COONa
H+
OH
COOH
ナトリウムフェノキシド
サリチル酸ナトリウム
サリチル酸

● **サリチル酸の利用**

フェノールとカルボン酸の知識があれば対応できる。

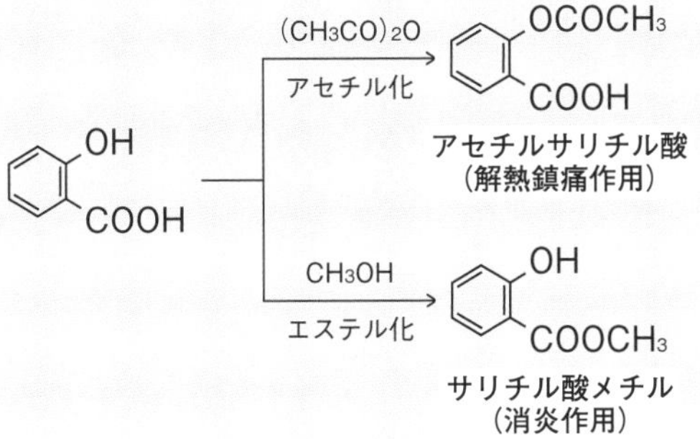

OH
COOH
(CH3CO)2O
アセチル化
OCOCH3
COOH
アセチルサリチル酸
（解熱鎮痛作用）
CH3OH
エステル化
OH
COOCH3
サリチル酸メチル
（消炎作用）

テーマ7 フェノール

Theme
8

アニリン

▶ 福岡大学 (理学部)

本番で取りたい
正解数
16/17
題

[問題は別冊16ページ]

イントロダクション

この問題のチェックポイント

☑ アニリンの製法・反応が頭に入っているか
☑ 有機化合物でも酸化還元反応式を作ることができるか
☑ 見慣れない化合物を与えられても落ち着いて対応できるか

　アニリンは構造決定で取り扱われることが少ないかわりに,合成法(実験)について問われたり,本問のように酸化還元反応式を書かされたりします。また,本問では見慣れない化合物も登場するため,それらに落ち着いて対応できるよう,アニリンの反応をしっかりと押さえておきましょう。

解説

　問題文に従って情報を確認していきましょう。

ジアゾ化・カップリング

　(あ) アニリンの希塩酸溶液を (い) 氷冷しながら,　ア　水溶液を加えると,塩化ベンゼンジアゾニウムの水溶液が得られる。塩化ベンゼンジアゾニウムの水溶液に芳香族化合物である　イ　の　ウ　水溶液を加えると橙赤色の p-ヒドロキシアゾベンゼンが生成する。

　氷冷しながらアニリンの希塩酸溶液に 亜硝酸ナトリウム 問1 アを加えると,ジアゾ化が進行し,塩化ベンゼンジアゾニウムが生成します。

$$\text{アニリン} \xrightarrow[\text{5℃以下}]{\text{HCl・NaNO}_2} \left[\text{ベンゼン-N≡N} \right]^{+} \text{Cl}^{-}$$

塩化ベンゼンジアゾニウム

また，塩化ベンゼンジアゾニウムの水溶液に フェノール 問1 イ の 水酸化
ナトリウム 問1 ウ 水溶液（すなわちナトリウムフェノキシド）を加えるとカッ
プリングにより，橙赤色の p-ヒドロキシアゾベンゼンが生成します。

$$
\left[\bigcirc\!\!-N\equiv N \right]^{+} Cl^{-} \quad \underset{5℃以下}{\overset{\bigcirc\!\!-ONa}{\longrightarrow}} \quad \bigcirc\!\!-N=N\!\!-\bigcirc\!\!-OH
$$

p- ヒドロキシアゾベンゼン
(p- フェニルアゾフェノール)

これらの反応に関与する塩化ベンゼンジアゾニウムは，次のように 5℃以
上で水と反応し，窒素を発生しながらフェノールに変化します（フェノール
の製法の1つ）問3 (3)。そのため，ジアゾ化もカップリングも氷冷しながら
行います。

$$
\bigcirc\!\!-N_2Cl \quad \underset{熱}{\overset{H_2O}{\longrightarrow}} \quad \bigcirc\!\!-OH \quad + \quad N_2 \quad + \quad HCl
$$

それでは下線部(あ)に関する 問2 を確認しましょう。

> 問2 アニリン塩酸塩は，ニトロベンゼンをスズと濃塩酸で還元する
> ことにより得られる。その酸化還元反応式は次のようにしてつくる
> ことができる。
> ・ニトロベンゼンがアニリンに変化する反応式
> $C_6H_5NO_2$ + ［ a ］H^+ + ［ b ］e^-
> $\longrightarrow C_6H_5NH_2$ + ［ c ］H_2O ①
> ・スズと塩酸の反応式
> $Sn \longrightarrow Sn^{4+}$ + ［ d ］e^- ②
>   式①と式②より，酸化還元反応式が導かれる。ただし，この反応
> は過剰の塩酸を用いているので，生成物はアニリン塩酸塩となる。
>   ［ e ］$C_6H_5NO_2$ + ［ f ］Sn + ［ g ］HCl
> $\longrightarrow$ ［ h ］$C_6H_5NH_3Cl$ + ［ i ］$SnCl_4$ + ［ j ］H_2O

テーマ
8
アニリン

酸化還元反応式のつくり方に従い，半反応式からつくっていきましょう。
酸化剤はニトロベンゼン，還元剤は Sn です。ニトロベンゼンはアニリン
へ，Sn は Sn^{4+} へ変化します。どちらも，与えられなくても答えられるよう
になっておきましょう。

酸化剤：$C_6H_5NO_2 + \boxed{6}^aH^+ + \boxed{6}^be^- \longrightarrow C_6H_5NH_2 + \boxed{2}^cH_2O$　　①

還元剤：$Sn \longrightarrow Sn^{4+} + \boxed{4}^de^-$　　②

次に，①×2＋②×3 よりイオン反応式をつくります。

$2C_6H_5NO_2 + 3Sn + 12H^+ \longrightarrow 2C_6H_5NH_2 + 3Sn^{4+} + 4H_2O$

そして，塩酸酸性下なので両辺に$12Cl^-$を追加します。

$2C_6H_5NO_2 + 3Sn + 12HCl \longrightarrow 2C_6H_5NH_2 + 3SnCl_4 + 4H_2O$

また，生成物の$C_6H_5NH_2$(塩基)は塩酸で中和されて$C_6H_5NH_3Cl$に変化するため，両辺に$2HCl$を追加すると，酸化還元反応式のできあがりです。

$\boxed{2}^eC_6H_5NO_2 + \boxed{3}^fSn + \boxed{14}^gHCl$

$\longrightarrow \boxed{2}^hC_6H_5NH_3Cl + \boxed{3}^iSnCl_4 + \boxed{4}^jH_2O$　　③

有機化学でも酸化還元反応は登場します。酸化還元反応式のつくり方を忘れていた人は，理論化学の「酸化還元」に戻ってしっかりと復習しておきましょう。

では，次にアニリンの酸化に関する　**問4**　を確認しましょう。

> **問4** アニリンを硫酸酸性の二クロム酸カリウム水溶液で酸化すると，染料として使われる水に不溶な物質が生成する。この物質の名称を記せ。

アニリンは$K_2Cr_2O_7$によって酸化され，アニリンブラックといわれる黒色沈殿に変化します。

それでは，他の酸化剤によるアニリンの酸化についてまとめて確認しておきましょう。

◆重要！ アニリンの酸化(どんな現象が見られるか)

- 空気(O_2)で酸化 ➡ 赤〜黒(最初は赤，長時間放置で黒)
- さらし粉水溶液(ClO^-)で酸化 ➡ 赤紫(アニリンの検出法)
- $K_2Cr_2O_7$aq で酸化 ➡ 黒色沈殿(アニリンブラック)

メチルオレンジの製法

　芳香族アゾ化合物は黄色〜赤色を示すものが多く，染料や色素などとして広く利用されている。同様の方法で，図1に示す(う)スルファニル酸ナトリウムをジアゾ化したあと，*N,N*–ジメチルアニリンとカップリングを行うと，中和滴定の指示薬として用いられる　　エ　　が生成する。

$$H_2N\text{—}\langle\ \rangle\text{—}SO_3Na \qquad \begin{matrix} H_3C \\ \\ H_3C \end{matrix}\!\!\!N\text{—}\langle\ \rangle$$

スルファニル酸ナトリウム（左）と
N,N–ジメチルアニリン（右）の構造式

　見慣れない化合物なので戸惑うかもしれませんが，これらの化合物について問われているのは，中和滴定に使用する指示薬の名前だけです。しかも，「芳香族アゾ化合物は黄色〜赤色を示すものが多い」と与えられているため，酸性域で赤〜黄色に変化する メチルオレンジ 問1 エを選ぶことは難しくありません。

　本問では問われていませんが，問題文に従ってメチルオレンジの合成過程を確認しておきましょう。

　まず，スルファニル酸ナトリウムのジアゾ化です。アニリンのジアゾ化と同じように，$-NH_2$ を $-N_2Cl$ に変えてみましょう。

$$NaO_3S\text{—}\langle\ \rangle\text{—}NH_2 \xrightarrow{\text{ジアゾ化}} NaO_3S\text{—}\langle\ \rangle\text{—}N_2Cl$$

　次に，カップリングです。これに関しても，塩化ベンゼンジアゾニウムとナトリウムフェノキシドのカップリングと同様に2つの化合物を $-N=N-$ で結んでみましょう。

$$NaO_3S\text{—}\langle\ \rangle\text{—}N_2Cl \xrightarrow[\langle\ \rangle\text{ONa}]{\text{カップリング}} NaO_3S\text{—}\langle\ \rangle\text{—}N=N\text{—}\langle\ \rangle\text{—}OH$$

　こうして生成するのがメチルオレンジです。このように，基本の反応が頭に入っていると対応できます。

◆**重要!** ジアゾ化・カップリング（ジアゾカップリング）

- **ジアゾ化**

$$\text{C}_6\text{H}_5\text{NH}_2 \xrightarrow[\text{5℃以下}]{\text{HCl}\cdot\text{NaNO}_2} [\text{C}_6\text{H}_5\text{N}\equiv\text{N}]^+ \text{Cl}^-$$

塩化ベンゼンジアゾニウム

- **カップリング**

$$[\text{C}_6\text{H}_5\text{N}\equiv\text{N}]^+ \text{Cl}^- \xrightarrow[\text{5℃以下}]{\text{C}_6\text{H}_5\text{ONa}} \text{C}_6\text{H}_5-\text{N}=\text{N}-\text{C}_6\text{H}_4-\text{OH}$$

p-ヒドロキシアゾベンゼン
（*p*-フェニルアゾフェノール）

アゾ化合物（アゾ基−N=N−をもつ化合物）の多くは染料として利用されており，アゾ染料とよばれる。

※ジアゾ化もカップリングも氷冷しながら行う。
（塩化ベンゼンジアゾニウムがフェノールに変化するのを防ぐため）

それでは，下線部（**う**）に関する **問5** を確認しましょう。

問5 スルファニル酸ナトリウムと *N*,*N*−ジメチルアニリンのかわりに，アニリンと 2−ナフトールを用いてジアゾカップリングを行うと染料であるスダンⅠが得られる。

図の破線で囲んだ空欄にあてはまる部分構造をそれぞれ補って，スダンⅠの構造式を完成せよ。

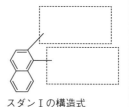

スダンⅠの構造式

この問題も，化合物名は見慣れないかもしれませんが，問われていることは難しくありません。ゆっくり手を動かして書いてみましょう。

まずはジアゾ化です。アニリンジアゾ化なので，塩化ベンゼンジアゾニウムが生成します。

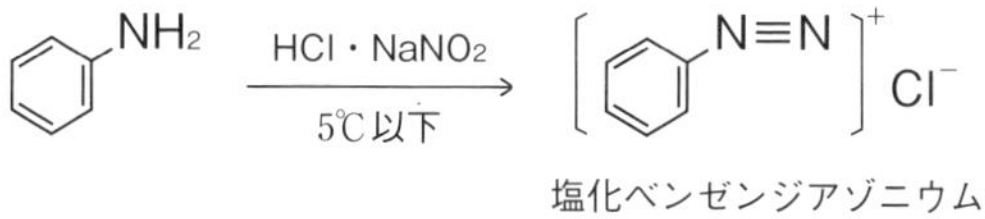

塩化ベンゼンジアゾニウム

次にカップリングです。

基本の反応はフェノールの水酸化ナトリウム水溶液（ナトリウムフェノキシド）を使用します。

本問では2-ナフトールを使っていますが，「フェノールにもう1つベンゼン環がくっついているだけ」と考えたら，難しくはありません。

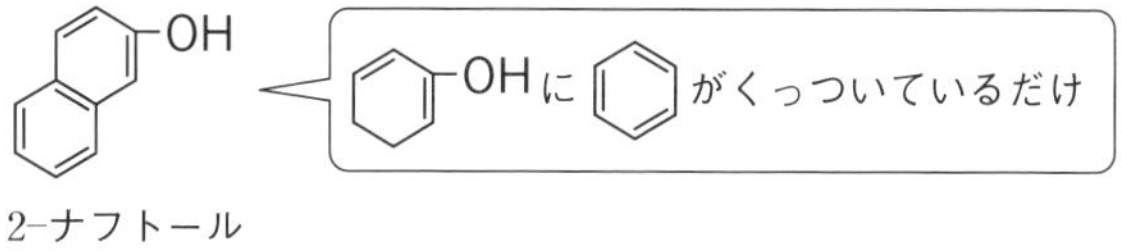

2-ナフトール

それでは，2-ナフトールの水酸化ナトリウム水溶液（ナトリウム塩）を使ってカップリングしてみましょう。（2-ナフトールのどこにアゾ基が結合するかは，図で与えられています。）

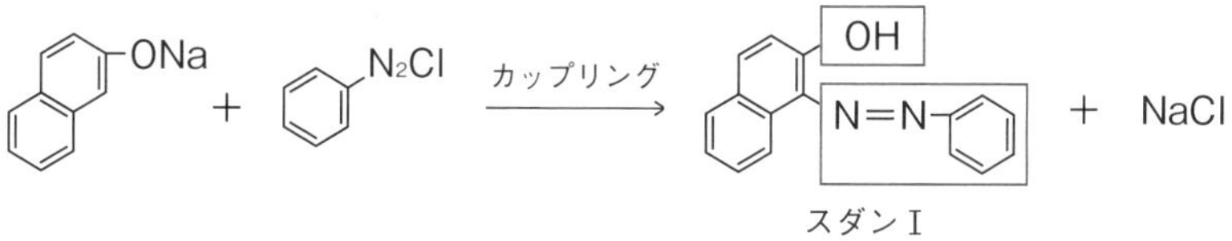

スダンⅠ

このように，見慣れない化合物の反応が出題される場合は，そのほとんどがヒントを与えてきます。落ち着いてゆっくりと解答していきましょう。

◆重要! 2-ナフトールを使用したカップリング

　　フェノール性ヒドロキシ基は，オ
ルト位とパラ位で置換反応が起こり
やすい(オルト-パラ配向性)ため，
アゾ基と結合する場所は，右に示す
2つのオルト位(1番と3番)が考え
られる。

オルト位 ← → オルト位

パラ位は H なし

　　しかし，**実際に結合するのは1番である**。その理由を考察しよう。
　　フェノール性ヒドロキシ基は電子供与性のため，ベンゼン環に電子対
を供与し，極めて安定な共役二重結合(2つの C＝C 結合の間に C－C
結合が入った状態)の仲間入りをしている(共役二重結合の仲間入りでき
ないオルト位とパラ位が置換されやすくなる)。

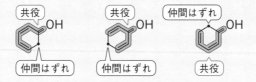

共役　　　　共役　　　　仲間はずれ
仲間はずれ　　仲間はずれ　　共役

　　それでは，2-ナフトールで共役二重結合を考えてみよう。

仲間はずれ
狙われる
共役

C の結合が5本に
左側で
共役はムリ
C は原子価4
だからムリ!!
NG

　　上の左図の状態では共役二重結合がきれいにつくれるが，上の右図の
状態では共役二重結合をつくることができない。よって，**3番でカップ
リングが進んでいくことはない**。

解答

問1 ア (3)　　イ (7)　　ウ (5)　　エ (11)

問2 a (5)　　b (5)　　c (1)　　d (3)　　e (1)　　f (2)
　　　　g (12)　　h (1)　　i (2)　　j (3)

問3 (3)

問4 アニリンブラック　　**問5**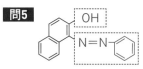

本問では扱っていないアニリンの反応を確認しておきましょう。

◆重要!　アニリンの反応

● **酸化されやすい**：アニリンの検出法あり。
　・空気中(O_2) ➡ 赤〜黒
　・さらし粉aq ➡ 赤紫(アニリンの検出法)
　・$K_2Cr_2O_7$aq ➡ 黒色沈殿(アニリンブラック)

● アミド化：酸無水物を使用すると収率が上がる。

　アニリン + CH_3COOH
　(($CH_3CO)_2O$で平衡は右に移動)
　アセチル化 H_2SO_4 →　アセトアニリド　+ H_2O

● ジアゾ化・カップリング

　アニリン
　$HCl \cdot NaNO_2$ 5℃以下 → 塩化ベンゼンジアゾニウム
　$\dfrac{ONa}{}$ 5℃以下 →

　p-ヒドロキシアゾベンゼン
　(p-フェニルアゾフェノール)

● **製法**：ニトロベンゼンの還元

　NO_2 　Sn・HCl → 　NH_3Cl 　NaOH → 　NH_2

[問題は別冊20ページ]

イントロダクション

この問題のチェックポイント

☑ 芳香族の分離ができるか
☑ アミドの加水分解が頭に入っているか
☑ 芳香族化合物の総合問題に対応できるか

　芳香族の分離に関する問題です。芳香族の分離自体は難しいものではありません が，構造決定の中に組み込まれる問題も多く，完答するにはどちらの知識も必要となります。アミドの構造決定に芳香族の分離が組み込まれている本問で，しっかりと演習していきましょう。

解 説

問題文に従って情報を確認していきましょう。

化合物 A について

・アミド結合を 1 つもつ。
・分子式 $C_{14}H_{13}NO$ で表される。
・中性の物質である。

　最初に，分子式から不飽和度を求めて予想してみましょう（$C_{15}H_{14}O$ の不飽和度と考えればよい）。

分子式 $C_{14}H_{13}NO$

$$不飽和度 = \frac{2 \times 15 + 2 - 14}{2} = 9$$

予 想

・C 原子×1，O 原子×1，N 原子×1
　➡ アミド結合 $\left(\begin{matrix}-C-N- \\ \parallel \quad | \\ O \quad H\end{matrix}\right)$ ×1（不飽和度 1 を消費）
・C 原子×12 ➡ ベンゼン環×2（不飽和度 8 を消費）

• 残り，C 原子×1　残りの不飽和度 0

　おそらく，この化合物 A はベンゼン環を 2 つもつアミドで，どこかに C
原子が 1 つ結合しています（化合物 A がアミド結合をもち，中性であること
は与えられなくても予想できます）。

　また，アミドといえばエステル同様「加水分解」です。このあと，加水分
解生成物の情報を与えられるはずです。アミド A はベンゼン環を 2 つもつ
ため，生成物 2 つも芳香族と予想できます。

アミド A の加水分解生成物

　アミド A に塩酸を加えて加熱（アミドの加水分解）

【アミド A ⟶ 化合物 B ＋ 化合物 C ＋ 未反応のアミド A】

• 生成物の混合溶液は酸性
• 化合物 A・B・C はいずれもベンゼン環をもつ

　アミドを加水分解すると，カルボン酸とアミンが生成します。

$$-\underset{\substack{\| \\ O}}{C}-\underset{\substack{| \\ H}}{N}- \ + \ H_2O \ \rightleftharpoons \ -\underset{\substack{\| \\ O}}{C}-OH \ + \ H-\underset{\substack{| \\ H}}{N}-$$

　　　　アミド　　　　　　　　　　　　　カルボン酸　　　アミン

　アミド A，そして加水分解生成物 B と C が，ベンゼン環をもつことは不
飽和度よりわかっていました。

　ここから抽出による芳香族化合物の分離が始まります。最初にポイントを
確認しておきましょう。
　芳香族化合物のほとんどは水に不溶，有機溶媒（エーテル）に可溶です。よ
って，実験の始まりは，すべての芳香族化合物がエーテル層に溶解していま
す。
　そして，加えた物質と反応して塩に変化したものだけが水層に移動します。
「加えた物質と反応するのは誰なのか」に注目しましょう。

◆重要！芳香族の分離

• 芳香族化合物は，基本エーテル層（有機層）！
• 塩になったら水層へ!!

> 操作Ⅰ 加水分解生成物の分離
> 加水分解生成物（化合物 B ＋ 化合物 C ＋ 未反応のアミド A）に 操作Ⅰ
> ➡・有機層Ⅰ【化合物 A・化合物 C】
> 　・水層Ⅰ

　加水分解生成物は，アミド（A），カルボン酸（B または C），アミン（B または C）の 3 つから構成されています。

　そして，加水分解で塩酸を使用しているため，加水分解後は塩酸酸性溶液です。**塩基性の生成物であるアミンは塩酸塩となって溶解します。**

　以上より，次のように決定できます。
　　・未反応のアミド ➡ 有機層Ⅰ（化合物 A）
　　・カルボン酸　　 ➡ 有機層Ⅰ（情報より化合物 C と決定）
　　・アミン（塩酸塩の状態）➡ 水層Ⅰ（残り，化合物 B の塩と決定）

　この 操作Ⅰ では，化合物 A と C が溶解するための有機溶媒を加える必要があります。よって，① $CH_3CH_2OCH_2CH_3$（ジエチルエーテル）を加えて抽出 問2 (1) が適切な操作です。

> 操作Ⅱ 化合物 B を取り出す
> 水層Ⅰ（アミン B の塩酸塩）に 操作Ⅱ
> ➡・有機層Ⅱ【アニリン】
> 　・水層Ⅱ

　水層Ⅰにはアミン B の塩酸塩が溶解しています。ここに ③ 水酸化ナトリウム水溶液を十分加えて塩基性としたのちに，ジエチルエーテルを加えて抽出 問2 (2) すると，弱塩基遊離反応によりアミン B が遊離し，ジエチルエーテル（有機層Ⅱ）に溶解します。

　「有機層Ⅱからアニリンが得られた」という情報から，水層Ⅰに溶解していたのはアニリン塩酸塩，化合物 B はアニリンと決定できます。

$$\text{(C}_6\text{H}_5)\text{-NH}_3^+Cl^- \ + \ Na^+OH^- \ \longrightarrow \ \text{(C}_6\text{H}_5)\text{-NH}_2 \ + \ H_2O \ + \ NaCl$$

NH₃ の製法と同じ
$$NH_4^+Cl \ + \ Na^+OH^- \ \longrightarrow \ NH_3 \ + \ H_2O \ + \ NaCl$$

化合物 B がアニリンであることの確認

• 冷却しながら化合物 B に HClaq と NaNO₂ を反応させる

　➡ 化合物 D の水溶液が得られた。

　　（水温が高くなると水と反応して　ア　と気体である　イ　を
　　生じる）

• 冷却しながら化合物 D の水溶液に　ア　の NaOHaq を加える

　➡ 橙赤色の化合物 E が得られた。

ここで，化合物 B の確認として，アニリンの反応が問われています。

アニリン（化合物 B）に HClaq と NaNO₂ を反応させると，ジアゾ化により塩化ベンゼンジアゾニウム（化合物 D）が生成します。

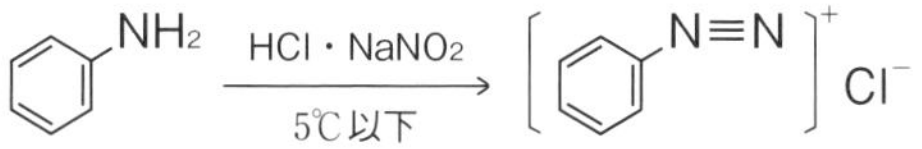

塩化ベンゼンジアゾニウム

塩化ベンゼンジアゾニウムは 5℃ 以上で分解が起こり，⑦　窒素 問1 イを発生しながら ②　フェノール 問1 アに変化します。そのため，ジアゾ化やカップリングは氷冷が必要です。

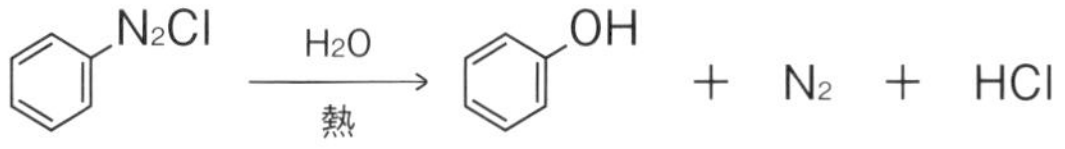

フェノール

そして，冷却しながら塩化ベンゼンジアゾニウム（化合物 D）の水溶液に，フェノールの水酸化ナトリウム水溶液（ナトリウムフェノキシド）を加えると，カップリングにより橙赤色の p-フェニルアゾフェノール（化合物 E）が生成します。

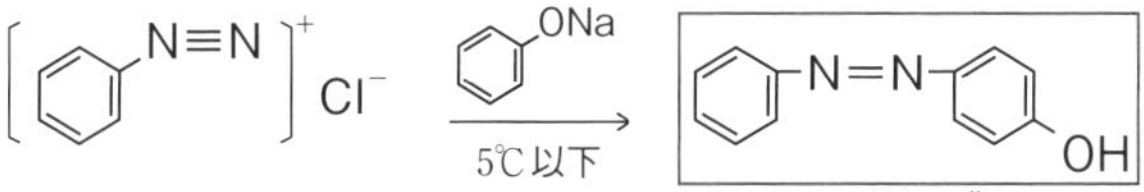

問4 E

p-フェニルアゾフェノール
（p-ヒドロキシアゾベンゼン）

テーマ
9
芳香族の分離

> 操作Ⅲ　化合物AとCの分離
> 有機層Ⅰ(化合物A＋化合物C)の溶媒を蒸発させ，水を加えて 操作Ⅲ
> ➡ ・有機層Ⅲ【化合物A】
> 　　・水層Ⅲ

　有機層Ⅰには「アミンである化合物A」と「カルボン酸である化合物C」
が溶解しています。
　溶媒のジエチルエーテルを蒸発させて化合物AとCの混合物を取り出し，
水を加えたあと，③ 水酸化ナトリウム水溶液を十分加えて塩基性とした
のちに，ジエチルエーテルを加えて抽出 問2 (2)すると，以下のように化合
物AとCを分離できます。
　・化合物A(アミド) ➡ 有機層Ⅲへ溶解
　・化合物C(カルボン酸) ➡ ナトリウム塩となって水層Ⅲへ溶解

> 操作Ⅳ　化合物Cを取り出す
> 水層Ⅲ(化合物Cのナトリウム塩)に 操作Ⅳ
> ➡ ・有機層Ⅳ【化合物C】
> 　　・水層Ⅳ

　水層Ⅲには「カルボン酸である化合物Cのナトリウム塩」が溶解してい
ます。
　ここに，⑦ 塩酸を十分加えて酸性としたのちに，ジエチルエーテルを加
えて抽出 問2 (2)すると，弱酸遊離反応によってカルボン酸Cが遊離し，ジ
エチルエーテルに溶解します。

> 化合物Cの特定
> 化合物C ＋ $KMnO_4aq$ ⟶ 化合物F
> 　　　　　　　　　　　　(ペットボトルに使われる合成高分子の原料)

　まず，ペットボトルに使われる合成高分子はポリエチレンテレフタラート
(PET)で，その原料はテレフタル酸とエチレングリコールです。

$$n \; \text{HOOC} - \boxed{} - \text{CO} \overset{!}{\underset{!}{\text{OH}}} \;\; + \;\; n \; \text{H} \overset{!}{\underset{!}{\text{O}}} - (\text{CH}_2)_2 - \text{OH}$$

テレフタル酸　　　　　　　　エチレングリコール

$$\xrightarrow{\text{縮合重合}} \text{HO} \left[\begin{array}{c} \text{C} \\ \| \\ \text{O} \end{array} - \boxed{} - \begin{array}{c} \text{C} \\ \| \\ \text{O} \end{array} - \text{O} - (\text{CH}_2)_2 - \text{O} \right]_n \text{H} \;\; + \;\; (2n-1)\text{H}_2\text{O}$$

　そして，芳香族化合物 C を $KMnO_4$ で酸化して得られた PET の原料は，同じ芳香族のテレフタル酸とわかります。

　よって，化合物 C はパラ位の二置換体です(反応しても官能基の位置は不変)。

$$\text{HOOC} - \boxed{} - \boxed{} \xrightarrow{KMnO_4} \text{HOOC} - \boxed{} - \text{COOH}$$

化合物 C　　　　　　　　　　　　　　　　テレフタル酸

　また，最初の予想より，残っているパーツは「C 原子×1」なので化合物 C は安息香酸のパラ位にメチル基 $-\text{CH}_3$ がある化合物と決定できます。$KMnO_4$ によりアルキル基の酸化が起こり，テレフタル酸に変化しています。

$$\boxed{\text{HOOC} - \boxed{} - \text{CH}_3} \;\text{問4 C}\; \xrightarrow{KMnO_4} \boxed{\text{HOOC} - \boxed{} - \text{COOH}} \;\text{問4 F}$$

　ここまでで，アミン B とカルボン酸 C を決定できました。この 2 つを脱水縮合すると，アミド A になります。

$$\boxed{} - \text{N} - \overset{!}{\underset{!}{\text{H}}} \;\; + \;\; \underset{!}{\overset{!}{\text{HO}}} - \begin{array}{c} \text{C} \\ \| \\ \text{O} \end{array} - \boxed{} - \text{CH}_3$$

化合物 B　　　　　　　　　　　　化合物 C

$$\longrightarrow \boxed{\boxed{} - \text{N} - \begin{array}{c} \text{C} \\ \| \\ \text{O} \end{array} - \boxed{} - \text{CH}_3} \;\text{問4 A}\; + \;\; \text{H}_2\text{O}$$

それでは最後に，化合物B（アニリン）に関する **問3** を確認しましょう。

問3 化合物Bに関する記述として適するものを，次の①～⑤から2
つ選び，記しなさい。
① 水溶液は弱塩基性を示す。
② 水溶液は弱酸性を示す。
③ ニトロベンゼンをスズと濃塩酸で還元することで得られる。
④ フェノールに濃硝酸と濃硫酸の混合物を加えることで得られる。
⑤ フェーリング液とともに加熱すると赤色沈殿を生じる。

アニリンは**弱塩基性**です（アンモニアよりも弱い塩基性で，リトマス紙で
の検出はできません）。
　合成法は**ニトロベンゼンの還元で，通常はスズと濃塩酸を使用**します。
以上より，①・③ が正解です。

　ちなみに，選択肢④はフェノールのニトロ化で，濃硫酸を用いた場合はオ
ルト位とパラ位すべてがニトロ化されてピクリン酸に変化します。

$$\text{OH} \quad + \quad 3HNO_3 \xrightarrow[H_2SO_4]{} \quad \underset{\text{ピクリン酸}}{O_2N-\text{OH}-NO_2 / NO_2} \quad + \quad 3H_2O$$

　また，選択肢⑤はフェーリング液を還元する反応で，ホルミル基（アルデ
ヒド基）をもつ化合物が陽性になる反応です。

$$\underset{O}{R-C-H} \xrightarrow{\text{フェーリング液}} \underset{O}{R-C-O^-} \quad + \quad Cu_2O\downarrow$$

それでは，本問の抽出の流れをまとめておきましょう。

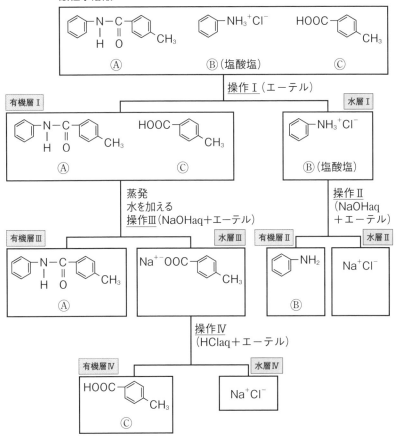

テーマ

9

芳香族の分離

テーマ9の構造決定問題「フローチャート」

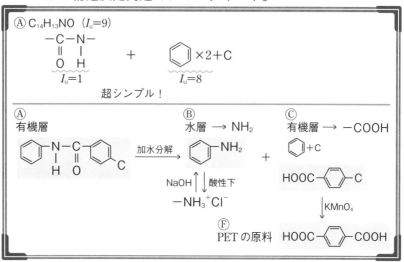

Ⓐ $C_{14}H_{13}NO$ ($I_u=9$)

超シンプル!

Ⓐ 有機層　Ⓑ 水層 → NH_2　Ⓒ 有機層 → $-COOH$

加水分解

NaOH ↑ ↓ 酸性下
$-NH_3^+Cl^-$

↓ $KMnO_4$

Ⓕ PET の原料

解答

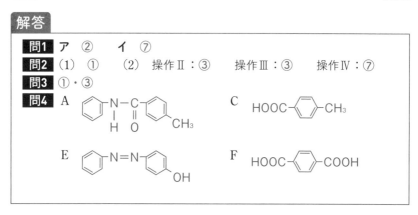

問1 ア ②　イ ⑦
問2 (1) ①　(2) 操作Ⅱ:③　操作Ⅲ:③　操作Ⅳ:⑦
問3 ①・③
問4 A　C　E　F

　芳香族化合物の分離については，実験器具等も問われます。不安な人は次のページの「◆重要!」でまとめて確認しておきましょう。

◆重要! 芳香族化合物の分離（抽出）

　ほとんどの芳香族化合物は極性が小さく，水（極性溶媒）には溶解せず，エーテルのような有機溶媒（無極性溶媒）に溶解する。

　しかし，中和反応などで塩（イオン結合性物質）に変化すると，水に溶解し，有機溶媒には溶解しない。

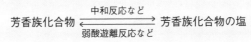

芳香族化合物 $\underset{\text{弱酸遊離反応など}}{\overset{\text{中和反応など}}{\rightleftharpoons}}$ 芳香族化合物の塩

	不溶	可溶
水	不溶	可溶
有機溶媒	可溶	不溶

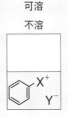

　『反応して塩になったものを水層に移す』を徹底しよう！

　このような，溶解性の違いを利用して分離する操作を抽出といい，分液ろうとを使用して行う。

エーテル層
水層

分液ろうと

　一般的な有機溶媒は水より軽いため上層になり，水が下層になる。

● **代表的な有機溶媒**　ジエチルエーテル（エーテル）

　また，操作の過程で二酸化炭素が発生する場合，内圧で破裂するのを防ぐため，ガス抜きを行う。

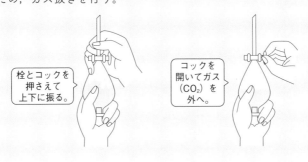

栓とコックを
押さえて
上下に振る。

コックを
開いてガス
（CO_2）を
外へ。

[問題は別冊22ページ]

イントロダクション

この問題のチェックポイント

☑ 不飽和度から予想できるか
☑ 有機化学の反応が頭に入っているか
☑ フローチャートを書きながら情報を整理できるか

　構造決定の総合問題です。ここまでに確認したことがクリアできているか，チャレンジしてみましょう。最初から完答できなくても問題ありません。問題を通じて自分の課題を見つけ，それらの克服を目標にしましょう。

解 説

問題文に従って情報を確認していきましょう。

化合物 A・B・C について

• ベンゼン環を2つもつ。
• 分子式は $C_{17}H_{16}O_3$ である。
• エステルである。

　最初に，分子式から不飽和度を求めて予想してみましょう。
分子式 $C_{17}H_{16}O_3$

$$不飽和度 = \frac{2 \times 17 + 2 - 16}{2} = 10$$

予 想

• O 原子×2 ➡ エステル結合 $\left(\begin{matrix} -C-O- \\ \parallel \\ O \end{matrix} \right)$ ×1 （不飽和度 1 を消費）

• C 数×12 ➡ ベンゼン環×2（不飽和度 8 を消費）

• 残り，C 原子×4，O 原子 1，不飽和度 1
　➡ C＝C 結合，C＝O 結合または環を1つもつ

おそらく，この化合物はベンゼン環を2つもつ1価のエステルで，C＝C結合，C＝O結合または環が1つあります。（「ベンゼン環を2つ」もつ「エステル」であることは与えられていなくても，不飽和度から予想できます）

　そして，「エステルときたら加水分解」ですが，本問のエステルの加水分解生成物は通常とは異なる可能性が高いです。以下のことを念頭に置いて構造決定に臨むとスムーズです。

● C＝C結合をもつとき
　C＝C結合がエステル結合のO原子に直結していたら，加水分解生成物はエノールがケトに変わった形で得られます。すなわち，アルコールではなく，アルデヒドやケトンが生成物になります。

例

C-C-C-C$\not$O-C＝C-C $\xrightarrow{\text{加水分解}}$ C-C-C-C-OH ＋ C＝C-C
　　　‖　　　　　　　　　　　　　　　　　‖　　　HO
　　　O　　　　　　　　　　　　　　　　　O

$\Downarrow$

H-C-C-C
　　‖
　　O

● 環をもつとき
　環状エステルの可能性があります。環状エステルの場合は，加水分解生成物が1つになります。

例

$\xrightarrow{\text{加水分解}}$ HO-C-C-C-C-C-C-C-C-OH
　　　　　　　　　　　　　　‖
　　　　　　　　　　　　　　O

それでは構造決定にチャレンジしていきましょう。

化合物Aの加水分解
【化合物A ⟶ 化合物D ＋ 化合物E】
・化合物DのC＝C結合はトランス形である。
・化合物Dのシス形異性体を分子内で脱水縮合させるとクマリンが生成する。

クマリン

まず，クマリンを加水分解して，化合物 D のシス形異性体を決定しましょう。

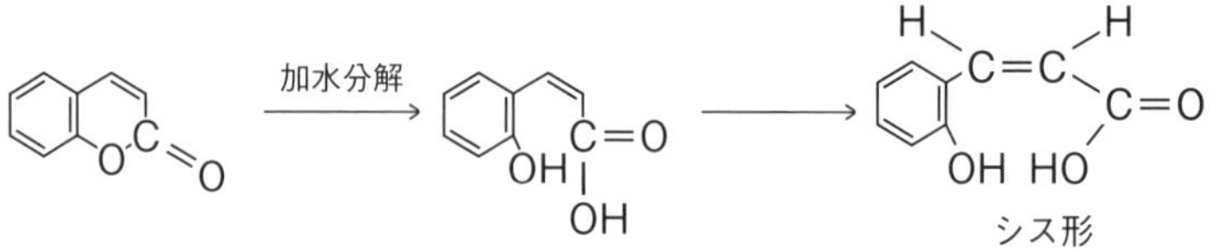

よって，この異性体のトランス形が化合物 D（C 数 9）と決定できます。

問1 D

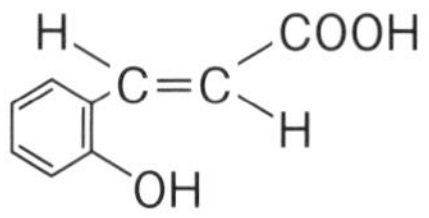

加水分解生成物の 1 つである化合物 D が決定したことで，もう 1 つの加水分解生成物である化合物 E について，以下のことがわかります。

- C 数：**17−9＝8** （分解反応前後で C 数は保存される）
- ベンゼン環を 1 つもつ（化合物 A のベンゼン環 2 つのうち，1 つを化合物 D がもっているため）。

◆重要！ 分解反応の構造決定

- **分解反応の構造決定は C 数に注目！！**

それでは化合物 E の情報を確認しましょう。

化合物 E について
- ヨードホルム反応陽性
  化合物 E が ┃ ア ┃ されて CH₃CO−R の構造を経由して起こる。
- 化合物 F（化合物 E の構造異性体）を ┃ ア ┃ して得られる分子量 120 の化合物 G は銀鏡反応陽性（┃ イ ┃ 水溶液を加えて加熱すると銀が析出）。
- 化合物 F や G を KMnO₄ と反応させると，PET の合成原料が得られる。

与えられた情報から化合物 E について以下のことがわかります。

- ヨードホルム反応陽性
  - ➡ 化合物 E は「末端から 2 番目」に−OH 基 をもつアルコールである。
  - ➡ C 数 8 でベンゼン環を 1 つもっているため，右の構造で決定。

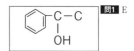

ヨードホルム反応は酸化剤のヨウ素 I_2 を加えるため，化合物 E のようなアルコールは 酸化 ⁷ アされてケトンに変化し，反応が進んでいきます。

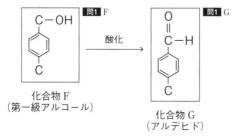

化合物 E

また，化合物 F・G の情報から以下のことがわかります。

- 化合物 F（化合物 E の構造異性体）を酸化して得られる化合物 G が銀鏡反応陽性 ➡ **化合物 G はアルデヒド**，**化合物 F は第一級アルコール**。

- 化合物 F や G を $KMnO_4$ で酸化すると PET の合成原料となる
  - ➡ ベンゼン環をもつ PET の原料はテレフタル酸（HOOC—⬡—COOH）
  - ➡ 化合物 F・G はパラ位の二置換体（反応しても官能基の位置は不変）
  - ➡ 化合物 F の C 数は 8 であることから次の構造で決定

化合物 F
（第一級アルコール）

化合物 G
（アルデヒド）

ここまでに決定した化合物 D と E を脱水縮合させると化合物 A が決定です。

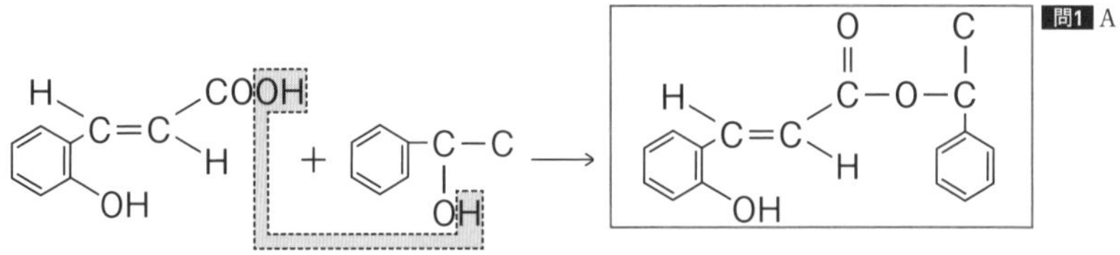

化合物 D　　化合物 E　　化合物 A

✦**重要！** 官能基の位置情報

- **銀鏡反応は末端！　ヨードホルム反応は末端から２番目!!**

化合物 B の加水分解
【化合物 B ⟶ 化合物 D ＋ 化合物 H】
- 化合物 H はベンゼン環に 2 つの置換基をもつ。
- 化合物 H は塩化鉄(Ⅲ)水溶液で呈色。
- 化合物 H のベンゼン環にニトロ基 1 つ導入 ➡ 2 種類の構造異性体

化合物 D は化合物 A の加水分解生成物でもあり，すでに決定しています（C 数 9）。よって，もう 1 つの加水分解生成物である化合物 H の C 数は 17 −9＝8 で，ベンゼン環を 1 つもっています。

それでは，化合物 H の情報からわかることを確認しましょう。
- ベンゼン環に 2 つの置換基 ➡ 二置換体（$o \cdot m \cdot p$ のいずれか）
- 塩化鉄（Ⅲ）水溶液で呈色 ➡ 官能基の 1 つはフェノール性ヒドロキシ基
  もう 1 つは残りのパーツの C 原子×2（エチル基）
- ベンゼン環に $-NO_2$ を導入すると 2 種類の構造異性体（←少ない！）
  ➡ パラ位の二置換体

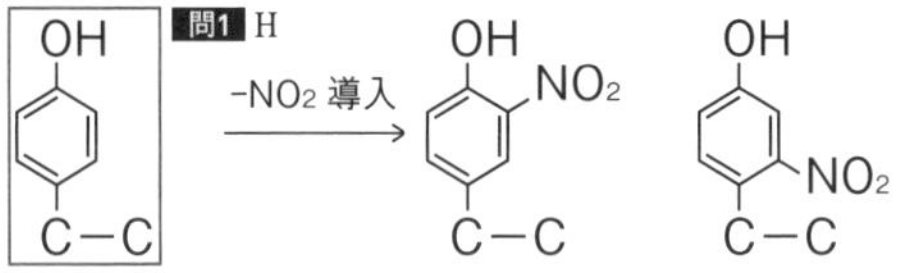

化合物 H

以上より，加水分解生成物の D と H を脱水縮合すると化合物 B が決定できます。

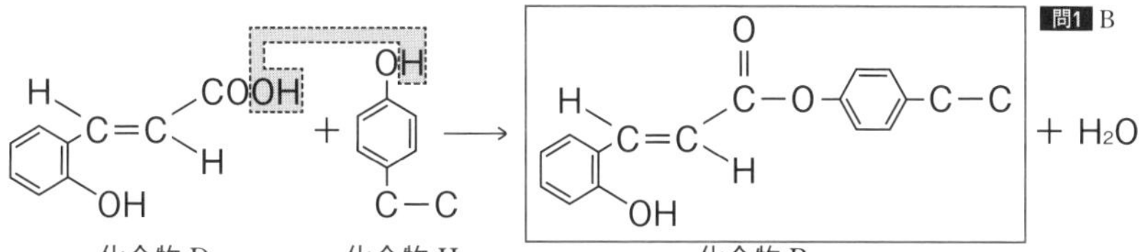

（化学反応式：化合物 D ＋ 化合物 H → 化合物 B ＋ H_2O） **問1** B

化合物 D　　　　化合物 H　　　　　　　化合物 B

◆**重要!** ベンゼンの二置換体に官能基を導入したときの異性体

- **異性体の数が少ないときは，対称性の高いパラ位 !!**

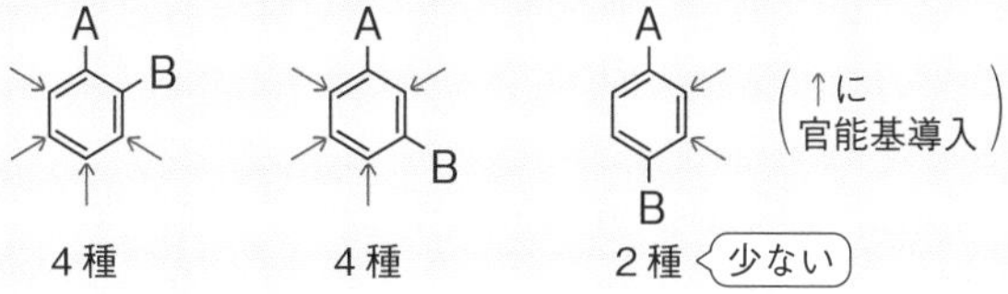

A　　　　　　　A　　　　　　A
B

4種　　　　　　4種　　　　　2種〈少ない〉

（↑に官能基導入）

化合物 C の加水分解
【化合物 C ⟶ 化合物 I ＋ 化合物 J】
- 化合物 I（分子量 136）を $KMnO_4$ と反応させるとフタル酸が得られる。
- 化合物 J はオルト位の二置換体でケト形とエノール形の異性体が存在。
- 化合物 J は ┃　**イ**　┃ 水溶液を加えて加熱すると銀が析出した。
  塩化鉄（Ⅲ）水溶液を加えても変化なし。

化合物 C の加水分解生成物 I・J に関する情報から，わかることを確認していきましょう。少し難しく感じるかもしれませんが，ゆっくりと書き出していきましょう。

- 化合物 I（分子量 136）で，$KMnO_4$ で酸化するとフタル酸

  ➡ 化合物 I はオルト位の二置換体（反応前後で官能基の位置は不変）

  ➡ 化合物 I はアルキル基をもつ（$KMnO_4$ で酸化されたので，アルキル基の酸化と考えらえる）

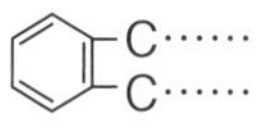

また，化合物 I はエステルの加水分解生成物なので，－COOH 基か－OH 基をもちます。

　そして，もう 1 つの生成物 J の情報に「ケト形とエノール形の異性体」があるので，－OH 基は J がもつと考えられます。

　以上より，化合物 I は－COOH 基（式量 45）をもつと予想でき，以下のように残りの式量が 15 となるため，アルキル基は－CH_3 と決まります。

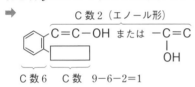

　また，化合物 I の C 数が 8 であるため，化合物 J の C 数は 17－8＝9 とわかります。これをふまえて，化合物 J の情報を確認しましょう。

・化合物 J はオルト位の二置換体でケト形とエノール形の異性体がある

　　　　　　　　　　　C 数 2（エノール形）

　　　　　　　C＝C－OH または －C＝C
　　　　　　　　　　　　　　　　　　　　　｜
　　　　　　　　　　　　　　　　　　　　OH

　　C 数 6　　C 数　9－6－2＝1

・銀鏡反応陽性（アンモニア性硝酸銀 [問2] イ 水溶液を加えて加熱すると銀が析出）

　　➡ ケト形がアルデヒド（エノール形は末端側に－OH 基がある）

・塩化鉄（Ⅲ）水溶液で呈色なし

　　➡ 残りの O 原子 1 個はフェノール性ヒドロキシ基ではない。
　　　すなわち，C 原子と O 原子はセットで存在（－CH_2OH もしくは －O－CH_3 のどちらか）。

　以上より，化合物 J は次のどちらかになります。

　　　　　　C＝C－OH　　　　　　C＝C－OH
　　　　　　C－OH　　　　　　　　O－C

それではここで，化合物Jを決定するために **問4** を確認しましょう。

> **問4** 化合物Jとして考えられるすべての構造式を記せ。ただし，化合物Jについては以下のことがわかっているとする。
> 1) エーテル結合を含まない。
> 2) エノール形に含まれるC＝C結合はトランス形である。
> 3) 不斉炭素原子は含まない。

「エーテル結合がない」ことから，右の構造に絞ることができます。

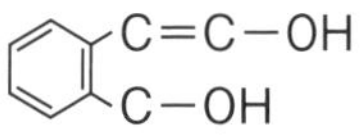

以上より，「C＝C結合がトランス形のエノール形」と「ケト形」の2つが化合物Jとして考えられる構造となります。

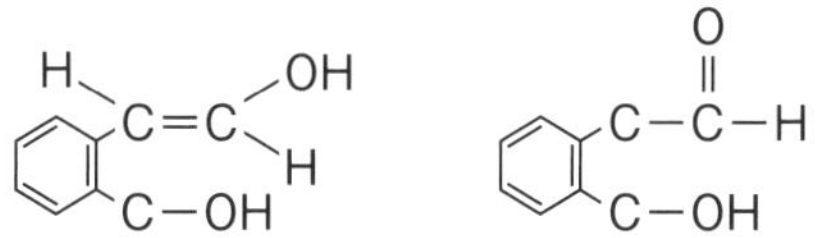

エノール形　　　　　　ケト形

◆重要! ケト・エノール互変異性

• エノール形は不安定。ケト形に変化する！

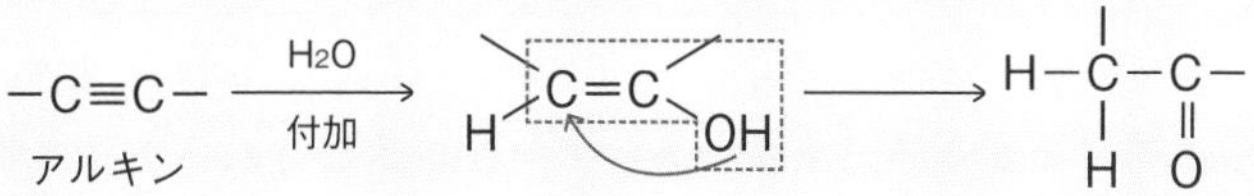

アルキン　　　　エノール形（不安定）　　　ケト形

〔参考〕本問では問われていませんが，エノールはエステルCの加水分解によって生じたと考えらえるため，化合物Iと化合物J（エノールの－OH基）を脱水縮合させると，化合物Cを決定できます。

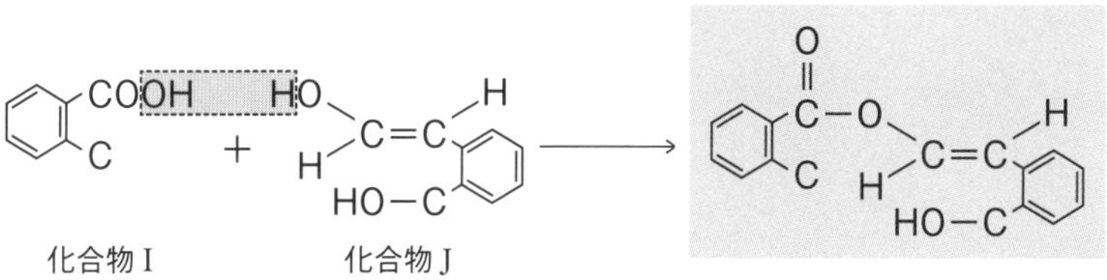

化合物I　　　　化合物J　　　　　　　化合物C

最初に確認していますが，エステル結合の O 原子に C＝C 結合が直結しているときは，加水分解によりエノール形になるため，ケト形に変化して生成します。

◆重要！ エステル結合の O 原子に C＝C 結合が直結しているとき

• 生成物はアルコールではない。ケト形（アルデヒドまたはケトン）！！

それでは，下線部に関する **問3** を確認しましょう。

問3 フタル酸を加熱すると脱水反応が起こる。その反応の化学反応式を記せ。

フタル酸は，オルト位（近く）にカルボキシ基を2つもつため，加熱するだけで容易に脱水が起こり，無水フタル酸に変化します。

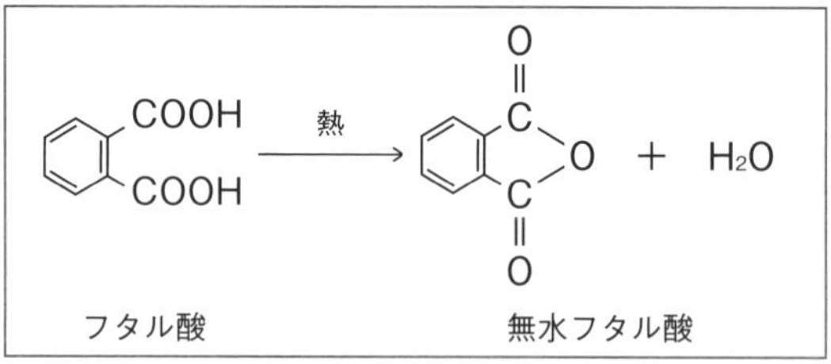

無水フタル酸は，ナフタレンを酸化バナジウム（V）V_2O_5 存在下で空気酸化しても生成します。構造決定において同時に出題されることも多いため，合わせて確認しておきましょう。

同様に，マレイン酸も加熱するだけで容易に脱水が起こり，無水マレイン酸に変化します。

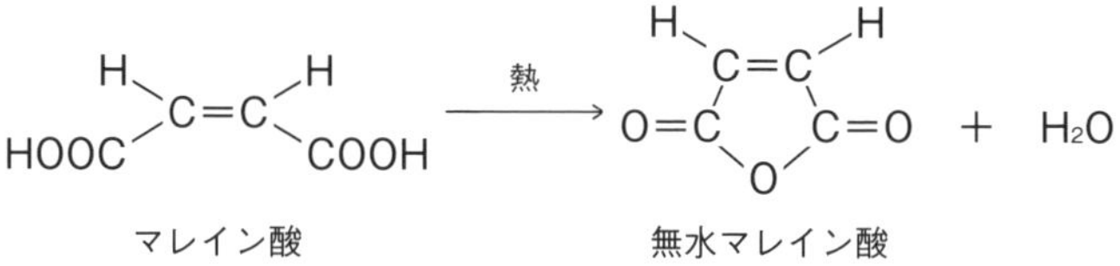

◆重要！「加熱するだけで容易に脱水」といわれたら

• 脂肪族ならマレイン酸！ 芳香族ならフタル酸！！

テーマ 10 の構造決定問題「フローチャート」

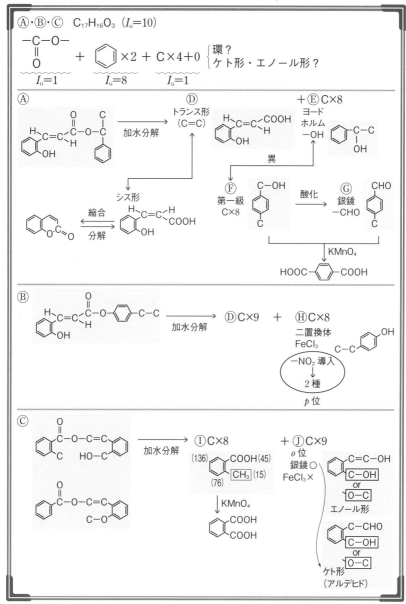

Ⓐ・Ⓑ・Ⓒ $C_{17}H_{16}O_3$ (I_u＝10)

環?
ケト形・エノール形?

テーマ
10
構造決定の総合問題

解答

問1

A

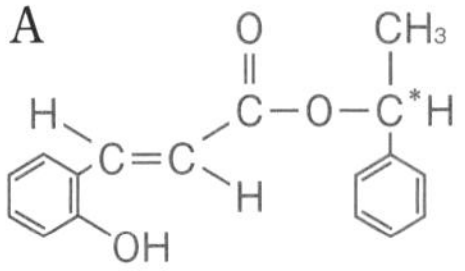

B

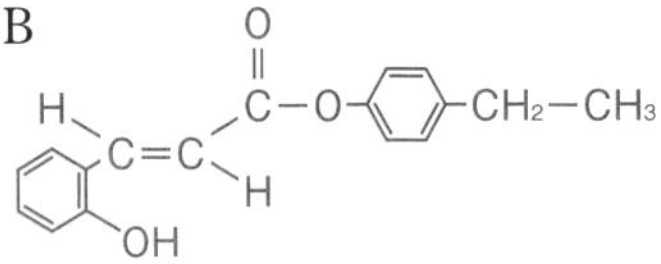

D

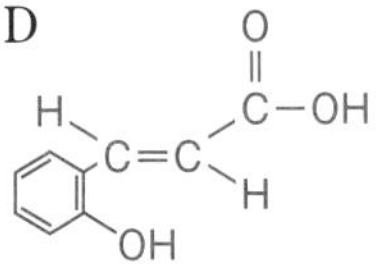

E

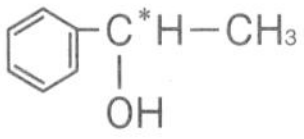

F

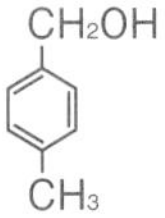

G

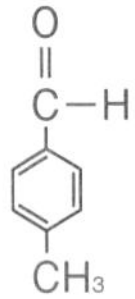

H

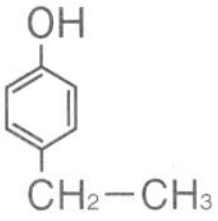

I

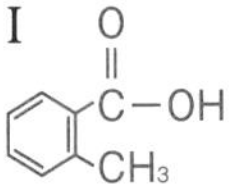

問2 **ア** 酸化　**イ** アンモニア性硝酸銀

問3

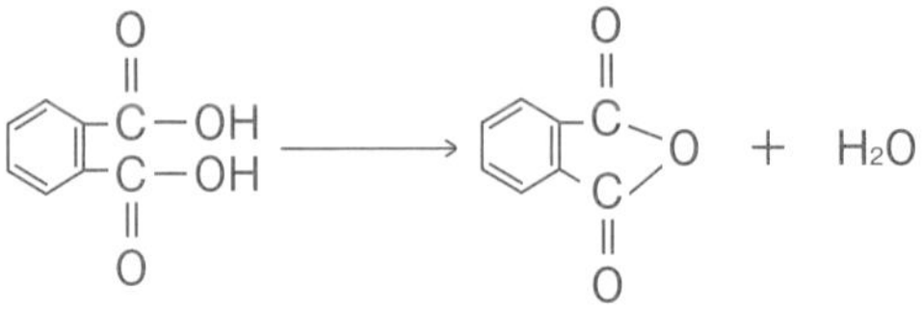

問4

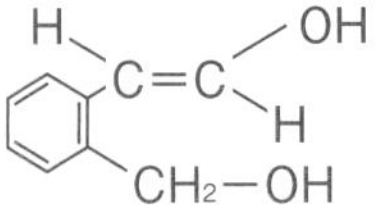

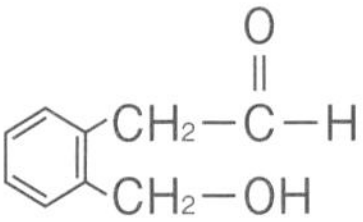

Theme
11

糖　類

▶ 福岡大学（理学部）

本番で取りたい
正解数

9 / **11** 題

［問題は別冊24ページ］

イントロダクション

この問題のチェックポイント

☑ 糖類に関する標準的な知識があるか
☑ 糖類の定量法に関する計算問題に対応できるか
☑ アミロペクチンの枝分かれ構造の推定方法を知っているか

　糖類は高分子化合物の中でも出題されやすいテーマの1つです。単純な知識問題から計算問題まで，しっかりと確認していきましょう。

解　説

　問題文に従い，順に情報をチェックしていきましょう。

単糖類
　グルコースの鎖状構造には，　　ア　　基があるので，その水溶液は還元性を示す。

　単糖類（**分子式 $C_6H_{12}O_6$・分子量 180**）に関しては，グルコースとフルクトースについてしっかりと確認しておく必要があります。

◆重要! グルコース

　生体内でエネルギー源になる糖。還元性を示す。水中で α 型，鎖状（ ホルミル 問1 ア基あり），β 型の3つが平衡状態で存在。

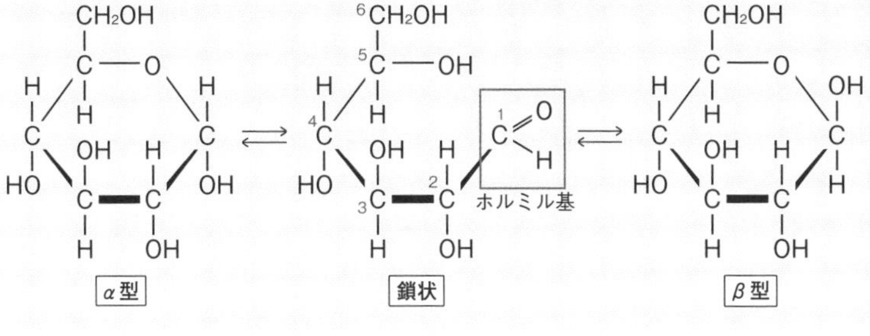

α型　　　　　　　　　　鎖状　　　　　　　　　β型

α型は何も見なくても書けるようになっておきましょう。

ヘミアセタール構造を開環できるようになっておけば，α型から鎖状，β型をつくることができます。

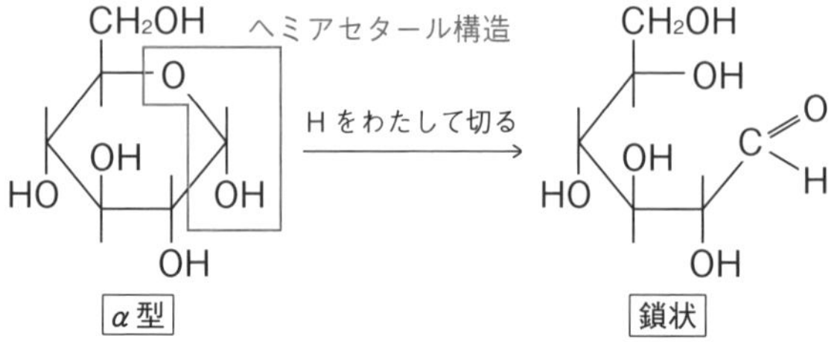

本問には関係ありませんが，フルクトースについても確認しておきましょう。

◆重要！ フルクトース

● 還元性を示す

水中でα型（六員環・五員環），鎖状，β型（六員環・五員環）の 5 つが平衡状態で存在。以下の図は鎖状，β型（六員環・五員環）のみ記している。

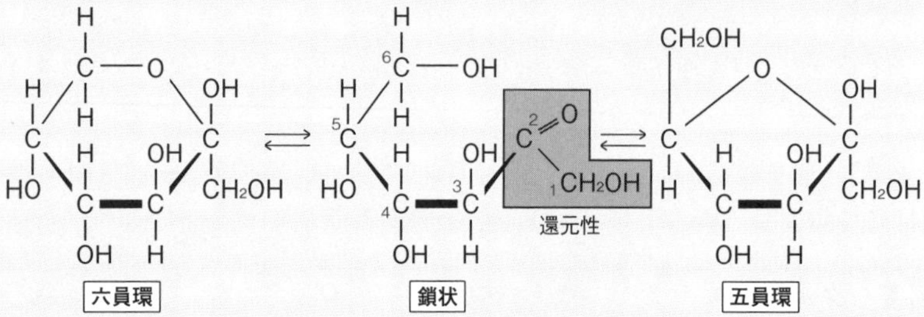

鎖状にある部分（上図の灰色の部分）が，水中でホルミル基をもつ構造と平衡状態になるため，フルクトースは還元性を示す。

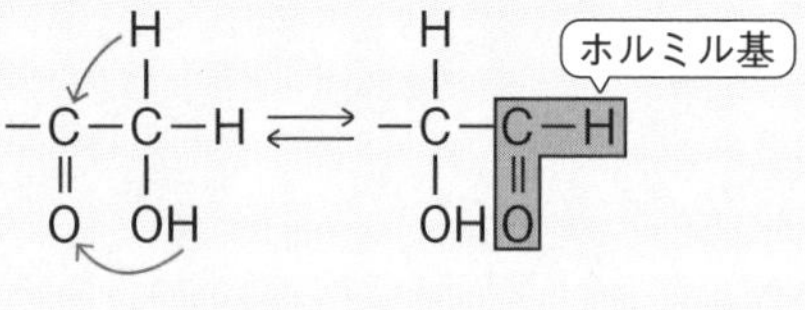

104

次に，二糖類についてです。

二糖類

マルトースは，グルコース 2 分子が脱水縮合し，両者が **イ** 結合によって結合した構造をもつ。マルトースは，鎖状構造になる部分があるので，水溶液中で還元性を示す。一方，(あ) スクロース水溶液は還元性を示さない。スクロースに希硫酸などの希酸を加えて加熱するか，酵素を作用させて加水分解すると， **ウ** 糖とよばれるグルコースとフルクトースの等量混合物が得られる。

単糖類 2 つが脱水縮合した構造をもつ糖を二糖類といいます。単糖類が **グリコシド** 問1 イ結合によって結合している状態です。

本問で扱っている代表的な二糖類をまとめておきましょう。

◆重要! マルトース

α-グルコース 2 分子が 1,4 結合した状態の二糖類。加水分解酵素はマルターゼ。

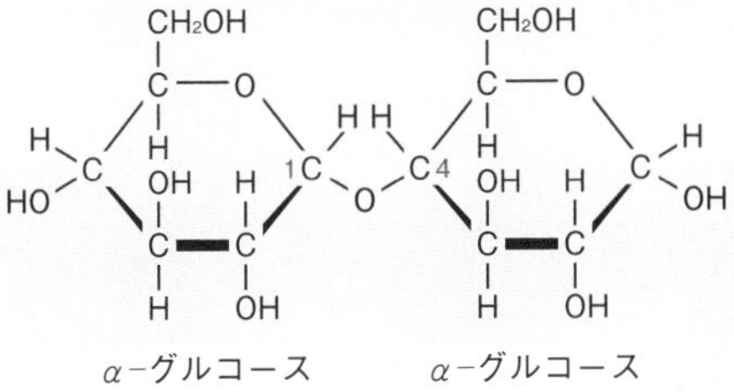

α-グルコース　　α-グルコース

ヘミアセタール構造をもつので，水中で開環し，ホルミル基を生じる。そのため，還元性をもつ二糖類である。

✦重要! スクロース

α-グルコースとβ-フルクトース(五員環)が1,2結合した状態の二糖類。加水分解酵素はインベルターゼ(またはスクラーゼ)。

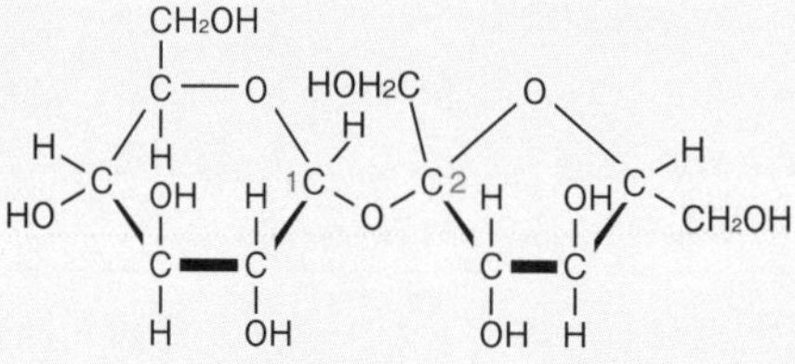

α-グルコース　β-フルクトース

ヘミアセタール構造をもたず，水中で開環しない。そのため，還元性を示す官能基を生じず，**還元性をもたない二糖類**である。

また，加水分解により生じるグルコースとフルクトースの等量混合物を**転化** 問1 ウ糖という。

それでは，下線部**(あ)**に関する **問2** を確認しましょう。

問2 スクロースの構造式を(1)~(6)の中から選べ。

スクロースの構成単糖の1つがβ-フルクトース(**五員環**)なので，見た目から(1)か(4)と絞ることができます。

(1)

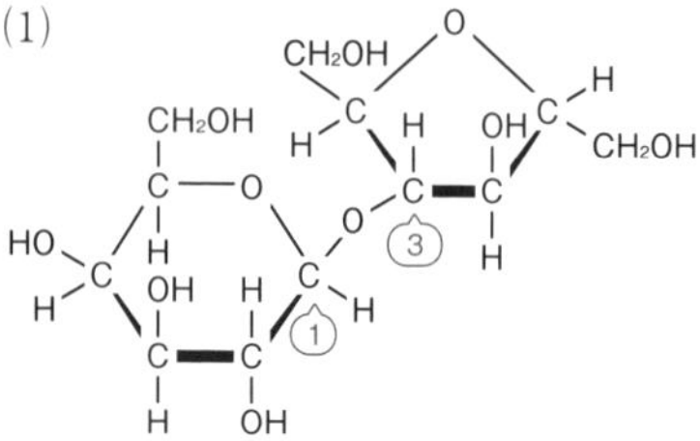

(4)

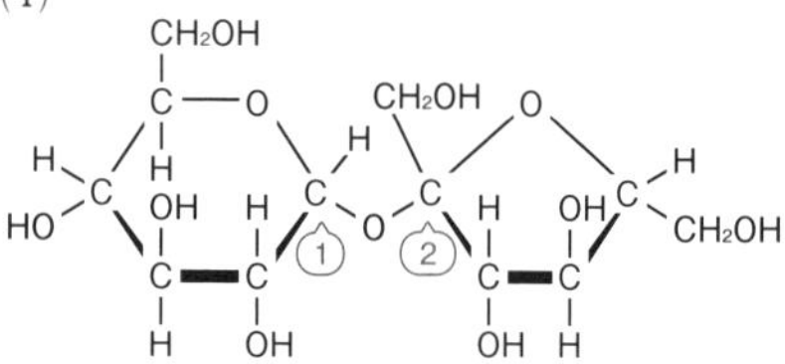

また，結合部位が1,2結合であることから(4)と決定できます。

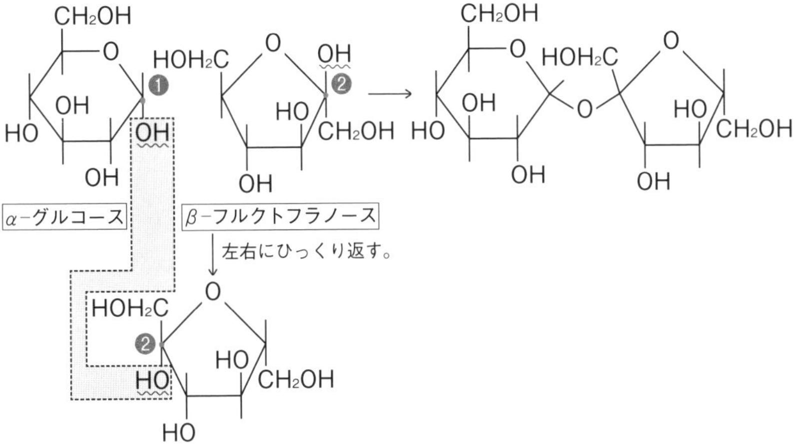

α-グルコース　β-フルクトフラノース

左右にひっくり返す。

このように，構成単糖と結合部位を頭に入れておくと，選択肢から選ぶことだけでなくその場で二糖類の構造式を書くことができます。代表的な二糖類についてはしっかりと確認しておきましょう。

◆重要！ 代表的な二糖類

名称	構成単糖	分解酵素	還元性
マルトース	α-グルコース ＋ α-グルコース 1,4 結合	マルターゼ	有
スクロース	α-グルコース ＋ β-フルクトース 1,2 結合	インベルターゼ （スクラーゼ）	無
セロビオース	β-グルコース ＋ β-グルコース 1,4 結合	セロビアーゼ	有
ラクトース	β-ガラクトース ＋ グルコース 1,4 結合	ラクターゼ	有

では次に，スクロースに関する計算問題である **問3** を確認しましょう。

問3 スクロース 3.6 g を完全に加水分解して得られた単糖類の混合物に，十分な量のフェーリング液を加えて加熱すると，理論的に何 g の酸化銅（Ⅰ）が生じるか。ただし，単糖類 1 mol から酸化銅（Ⅰ）1 mol が生成するものとする。

フェーリング液を還元する反応は，糖の定量に利用されています。**生じる酸化銅（Ⅰ）Cu_2O の物質量が，存在していた糖の量になる**ためです。

例　ある量の単糖にフェーリング液を十分量加えて加熱すると，Cu_2O が 0.50 mol 生成。

➡ 存在していた単糖は 0.50 mol。

本問は，スクロースの量を与えられ，生成する Cu_2O の質量を求める流れですが，同様に「糖の mol＝Cu_2O の mol」という関係式をつくりましょう。

二糖類は単糖類（分子量 180）2 分子から水（分子量 18）が取れて縮合したものなので，二糖類の分子量は $180 \times 2 - 18 = 342$ となります。

よって，スクロース 3.6 g は $\dfrac{3.6}{342}$ mol であり，加水分解により生じる単糖はその 2 倍です。

以上より，Cu_2O（式量 144）の質量を x〔g〕とすると，次の式が成立します。

$$\dfrac{3.6}{342} \times 2 = \dfrac{x}{144} \qquad \underline{x = \mathbf{3.03}\,\textbf{〔g〕}} \qquad 適切な選択肢は \boxed{4} の \mathbf{3.0}\,\textbf{〔g〕} です。$$

問題文の最後は多糖類の 1 つ，デンプンについてです。

デンプン

　デンプンは，数百〜数千個の α-グルコースが脱水縮合してできた多糖類で，[　**エ**　]とアミロペクチンの混合物である。[　**エ**　]は，比較的分子量の小さい多糖類で，隣接する α-グルコースが，1 位と 4 位の炭素に結合しているヒドロキシ基だけで脱水縮合し，鎖状に結合した構造をもつ。一方，(い)アミロペクチンは，比較的分子量が大きく，[　**エ**　]と同様の鎖状部分に加えて，α-グルコースが 1 位と 6 位の炭素の間でも脱水縮合した部分があるため，枝分かれ構造を含む分子である。デンプンに[　**オ**　]を作用させると，加水分解されて[　**カ**　]やマルトースとなる。マルトースは，[　**キ**　]により加水分解されてグルコースとなる。

　デンプンは アミロース ［問1 エ］とアミロペクチンの 2 つの成分の混合物です。アミロースは温水に溶解しますが，アミロースは溶解しません。
　この 2 つの成分の構造の違いは，1,6 結合（枝分かれ）の有無です。

- アミロース：**1,4** 結合のみ（直鎖のらせん構造）
- アミロペクチン：**1,4** 結合＋**1,6** 結合（枝分かれのあるらせん構造）

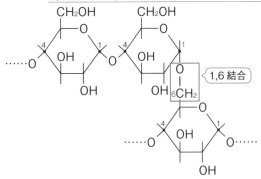

アミロペクチンは枝分かれがあるため，アミロースに比べてらせんが短くなります。

らせんの長さでヨウ素デンプン反応の色が変わります。本問には関係ありませんが，しっかりと確認しておきましょう。

◆**重要!** ヨウ素デンプン反応

α-グルコースの **1,4** 結合でできたらせん構造に，ヨウ素分子が取り込まれることで呈色する。

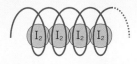

ヨウ素デンプン反応は，らせんの長さで色が変化する（らせんが長いほどたくさんのヨウ素分子が取り込まれる）。

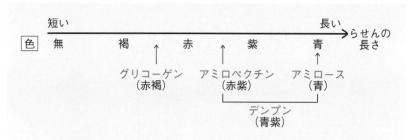

また，加熱するとヨウ素デンプン反応の呈色はなくなるが，冷却すると元の呈色が見られる。

デンプンの加水分解酵素は アミラーゼ （問1 オ）であり，加水分解が部分的に進んだ デキストリン （問1 カ）を経て，最終的に二糖類のマルトースに変化します。マルトースは マルターゼ （問1 キ）により分解され，グルコースに変化します。

それでは，アミロペクチンの枝分かれ構造の推定に関する 問4 を確認しましょう。

問4 アミロペクチンを構成するグルコース単位のヒドロキシ基 $-OH$ をすべて $-OCH_3$ に変化させてから希硫酸でグリコシド結合を完全に加水分解すると，化合物Aがおもに得られ，さらに化合物Bと化合物Cも得られる。これら3種類の化合物の生成比からアミロペクチンの枝分かれの数などを推定できる。

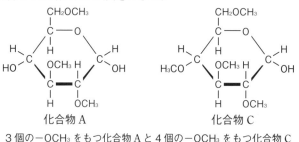

3個の $-OCH_3$ をもつ化合物Aと4個の $-OCH_3$ をもつ化合物C

アミロペクチン中のグルコースは以下の4種類に分けることができます。

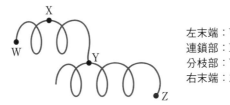

左末端：W
連鎖部：X
分枝部：Y
右末端：Z

では，アミロペクチンに以下の操作を行い，**W**～**Z**がどのように変化するか確認してみましょう。

(a) グルコース単位に存在する－OH を－OCH_3 へ変化させる。

(b) 希硫酸を用いてグリコシド結合を加水分解する。

注意：このとき，1位の－OCH_3 は加水分解を受けて－OH に変化する。

ほとんどのグルコースは連鎖部にあるため(**X**)で，その生成物はおもに化合物 A になります。そして，分枝部のグルコース(**Y**)は化合物 B，左末端のグルコース(**W**)は化合物 C に変化することがわかります。

問4 (ii)　分子量が 3.24×10^5 であるアミロペクチン 3.24 g を用いたとき，化合物 A を 4.00 g，B を 0.208 g，C を 0.236 g 得た。この結果から，このアミロペクチンはグルコース単位が何個ごとに 1 個の枝分かれをもつと考えられるか。

化合物 A（分子量 222），化合物 B（分子量 208），化合物 C（分子量 236）の物質量比を求めてみましょう。

$$A : B : C = \frac{4.00}{222} : \frac{0.208}{208} : \frac{0.236}{236} = 0.0180 : 0.0010 : 0.0010 = 18 : 1 : 1$$

以上より，枝分かれ部分である化合物 B の割合は以下のようになります。

$$\frac{1}{18+1+1} = \frac{1}{20}$$

すなわち，このアミロペクチンは，グルコース **20 個** につき 1 個の枝分かれがあります。

解答

問1　ア　(3)　　イ　(6)　　ウ　(20)　　エ　(7)　　オ　(12)　　カ　(11)
　　　　キ　(17)

問2　(4)

問3　(4)

問4　(i)　　　　　　　　　　　　　　　　　(ii)　**20 個**

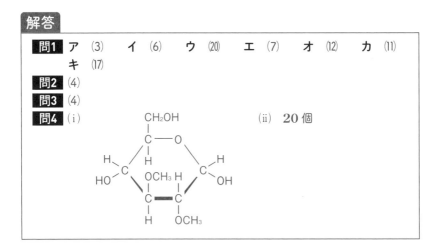

Theme
12 アミノ酸
▶ 岡山大学

本番で取りたい
正解数
9 / 9 題

［問題は別冊28ページ］

イントロダクション

この問題のチェックポイント

☑ α-アミノ酸の水中での平衡を書くことができるか
☑ 指定された pH におけるアミノ酸の状態を答えることができるか

α-アミノ酸は弱酸・弱塩基の官能基をもっているため，水中で電離平衡の状態になります。弱酸や弱塩基の電離平衡も含め，しっかりと復習しておきましょう。

解説

問題文に従い，順に情報をチェックしていきましょう。

α-アミノ酸の水中での平衡

アラニンは水溶液中で以下のような状態にあり，それらの比率は pH に依存する。

$$H_3N^+-\underset{\underset{H}{|}}{\overset{\overset{CH_3}{|}}{C}}-COOH \underset{H^+}{\overset{OH^-}{\rightleftharpoons}} \boxed{} \underset{H^+}{\overset{OH^-}{\rightleftharpoons}} H_2N-\underset{\underset{H}{|}}{\overset{\overset{CH_3}{|}}{C}}-COO^-$$

A   B   C
小   ←   pH   →   大

α-アミノ酸分子中に存在するカルボキシ基 −COOH とアミノ基 −NH₂ は，それぞれ弱酸，弱塩基であるため水中で電離平衡の状態になります。

電離平衡を書くときのポイントは「双性イオンから左右に広げていく」ことです。

そして，双性イオンは，基本的に α 位の −COOH から −NH₂ に H⁺ を移動させたものです。

$$\begin{array}{ccc}
\mathrm{R} & & \mathrm{R} \\
| & & | \\
\mathrm{H-C-COOH} & \longrightarrow & \mathrm{H-C-COO^-} \\
| & & | \\
\mathrm{NH_2} \quad H^+ & & \mathrm{NH_3^+}
\end{array}$$

双性イオン

それでは，アラニンの双性イオンから左右に広げて平衡をつくっていきましょう。

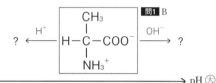

$$\longrightarrow \text{pH} 大$$

① **酸を加えて pH を小さくする。**

➡ 弱酸遊離反応により，$-\mathrm{COOH}$ が遊離する。

$$-\mathrm{COO^-} + \mathrm{H^+} \longrightarrow -\mathrm{COOH}$$

② **塩基を加えて pH を大きくする。**

➡ 弱塩基遊離反応により，$-\mathrm{NH_2}$ が遊離する。

$$-\mathrm{NH_3^+} + \mathrm{OH^-} \longrightarrow -\mathrm{NH_2} + \mathrm{H_2O}$$

以上より，以下のような平衡状態を書くことができます。

$$\begin{array}{ccccc}
\mathrm{CH_3} & & \mathrm{CH_3} & & \mathrm{CH_3} \\
| & \stackrel{①}{\overset{H^+}{\underset{OH^-}{\rightleftharpoons}}} & | & \stackrel{H^+}{\underset{OH^-}{\rightleftharpoons}} & | \\
\mathrm{H-C-COOH} & & \mathrm{H-C-COO^-} & & \mathrm{H-C-COO^-} \\
| & & | & ② & | \\
\mathrm{NH_3^+} & & \mathrm{NH_3^+} & & \mathrm{NH_2} \\
\boxed{+1} & & \boxed{\pm0} & & \boxed{-1}
\end{array}$$

$$\longrightarrow \text{pH} 大$$

本問では問われていませんが，酸性アミノ酸（グルタミン酸）の平衡もつくってみましょう。

例 グルタミン酸
$$\begin{array}{c}
\mathrm{CH_2-CH_2-COOH} \\
| \\
\mathrm{H-C^*-COOH} \\
| \\
\mathrm{NH_2}
\end{array}$$

それでは，グルタミン酸の双性イオンから左右に広げていきましょう。

$$
?\ \xleftarrow{\ H^+\ }\ \begin{array}{c} CH_2-CH_2-COOH \\ | \\ H-C-COO^- \\ | \\ NH_3^+ \end{array}\ \xrightarrow{\ OH^-\ }\ ?
$$

⑦ pH ←——————————————————————→ pH ⑦

① **酸を加えて pH を小さくする。**

➡ 弱酸遊離反応により −COOH が遊離する。

$-COO^- + H^+ \longrightarrow -COOH$

② **塩基を加えて pH を大きくする。**

➡ 側鎖の中和反応（pH に関係しない）が先に進行し，その後，弱塩基遊離反応（遊離する塩基より pH が大きいとき進行）により，−NH₂ が遊離する。

側鎖の中和反応　$-COOH + OH^- \longrightarrow -COO^- + H_2O$

弱塩基遊離反応　$-NH_3^+ + OH^- \longrightarrow -NH_2 + H_2O$

以上より，以下のような平衡を書くことができます。

$$
\begin{array}{c} CH_2-CH_2-COOH \\ | \\ H-C-COOH \\ | \\ NH_3^+ \end{array}
\underset{}{\overset{①H^+}{\rightleftharpoons}}
\begin{array}{c} CH_2-CH_2-COOH \\ | \\ H-C-COO^- \\ | \\ NH_3^+ \end{array}
\underset{②OH^-}{\rightleftharpoons}
\begin{array}{c} CH_2-CH_2-COO^- \\ | \\ H-C-COO^- \\ | \\ NH_3^+ \end{array}
\underset{②OH^-}{\rightleftharpoons}
\begin{array}{c} CH_2-CH_2-COO^- \\ | \\ H-C-COO^- \\ | \\ NH_2 \end{array}
$$

| +1 | ±0 | −1 | −2 |

——————————————————————→ pH ⑦

以上より，グルタミン酸の酸性溶液に塩基を加えたときのグルタミン酸 1 分子あたりの電荷の総和の変化は $\boxed{+1 \to 0 \to -1 \to -2}$ 問4 となります。

ここで，pH の変化に関する **問2** を確認しておきましょう。

> **問2** pH が 1 から 3 に変化すると，水溶液中の水素イオン濃度 $[H^+]$ と水酸化物イオン濃度 $[OH^-]$ はそれぞれ何倍に増えるか。

pH は水素イオンのモル濃度の桁をよんだものなので，pH が 1 から 3 に変化すると，2 桁変化することになります。

pH が大きく変化するので，$[H^+]$ は 2 桁減少，すなわち $\boxed{1.0 \times 10^{-2}\ 倍}$ $\left(\dfrac{1}{100}倍\right)$ です。また，$[OH^-]$ は増加するため，$\boxed{1.0 \times 10^{2}\ 倍}$（100 倍）になります。

α‐アミノ酸の滴定

　アラニンは水溶液中で次のような平衡状態にあり，その電離定数 K を平衡式の下に示す。

$$A \rightleftharpoons B + H^+$$
$$(K_1 = 1.0 \times 10^{-2.3}\ mol/L)$$
$$B \rightleftharpoons C + H^+$$
$$(K_2 = 1.0 \times 10^{-9.7}\ mol/L)$$

　0.1 mol/L のアラニン塩酸塩水溶液 10 mL を 0.1 mol/L の水酸化ナトリウム水溶液で滴定したところ，右のような曲線が得られた。

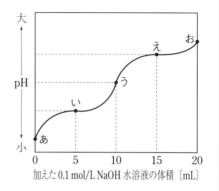

それでは，与えられた曲線中の各点（**あ～お**）がどのような状態か確認していきましょう。

- **点あ（滴定開始前）**
　ほとんどのアラニンが A（または B）の状態で存在。

- **点い（滴定開始と等電点の中間点）**
　滴定開始と等電点の中間点であることから，A と B が等量存在する。すなわち $[A]=[B]$

- **点う（等電点）**
　等電点なので，ほとんどのアラニンが双性イオン（B）で存在する。また，等電点では電荷の総和が 0 であることから，$[A]=[C]$
　等電点における水素イオンのモル濃度の求め方　$[H^+]=\sqrt{K_1 \cdot K_2}$

- **点え（等電点と反応終了の中間点）**
　等電点と反応終了の中間点であることから B と C が等量存在する。すなわち $[B]=[C]$

- **点お（反応終了）**
　反応が終了する点。ほとんどのアラニンが C（または B）の状態で存在する。

それでは **問3** を確認してみましょう。

テーマ
12
アミノ酸

> **問3** 以下の**ア，イ，ウ**の状態になる点を図中の**あ〜お**から選び，その pH を小数第1位まで求めよ。
> **ア** AとBのモル濃度が等しい。
> **イ** BとCのモル濃度が等しい。
> **ウ** AとCのモル濃度が等しい。

ア AとBのモル濃度が等しくなるのは，点**い**（滴定開始と等電点の中間点）です。

また，点**い**では [A]＝[B] が成立していることから，電離定数 K_1 を表す式は以下のようになります。

$$K_1 = \frac{[B][H^+]}{[A]} = [H^+] = 1.0 \times 10^{-2.3} \,(\text{mol/L})$$

以上より，点**い**の pH は **2.3** と決まります。

イ BとCのモル濃度が等しくなるのは，点**え**（等電点と反応終了の中間点）です。

また，点**え**では [B]＝[C] が成立していることから，電離定数 K_2 を表す式は以下のようになります。

$$K_2 = \frac{[C][H^+]}{[B]} = [H^+] = 1.0 \times 10^{-9.7} \,(\text{mol/L})$$

以上より，点**え**の pH は **9.7** と決まります。

ウ AとCのモル濃度が等しくなるのは，点**う**（等電点）です。

等電点における水素イオンのモル濃度は公式を使うと，以下のようになります。

$$[H^+] = \sqrt{K_1 \cdot K_2} = \sqrt{(1.0 \times 10^{-2.3}) \times (1.0 \times 1.0^{-9.7})} = 1.0 \times 10^{-6.0} \,(\text{mol/L})$$

よって，点**う**の pH は **6.0** と決まります。

◆**重要!** 等電点

　アミノ酸の電荷が **0** になる **pH** を等電点といい，以下のような特徴がある。
- アミノ酸のほとんどが双性イオンで存在している。
- ［陽イオンの正電荷］＝［陰イオンの負電荷］が成立している。
- アミノ酸は，等電点より小さい **pH** では正，大きい **pH** では負に帯電する。

等電点

そして，等電点の pH を求めるために必要な水素イオンのモル濃度は以下の公式で導くことができる。

$$[H^+] = \sqrt{K_1 \cdot K_2}$$

それでは，アミノ酸の分離に関する **問5** を確認しましょう。

問5 グリシン（等電点 6.0），グルタミン酸（等電点 3.2），およびリシン（等電点 9.7）を混合し，pH9.7 の緩衝溶液を用いて電気泳動した際，陽極に移動する α-アミノ酸の名称を記せ。移動する α-アミノ酸が複数ある場合は該当するすべての α-アミノ酸の名称を，ない場合は「なし」と記すこと。

右図のように，アミノ酸の混合溶液を緩衝溶液で湿らせたろ紙の中央にたらし，電極を配置して電圧をかけ，電気泳動を行います。

3 つのアミノ酸の等電点と，電荷を確認してみましょう。

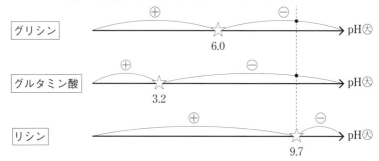

上図より，pH=9.7 における各アミノ酸の状態が判断できます。

　　グリシン　　　：負に帯電 ➡ 陽極に移動
　　グルタミン酸：負に帯電 ➡ 陽極に移動
　　リシン　　　　：電荷をもたない ➡ 移動しない

以上より，陽極に移動するのは グリシン，グルタミン酸 となります。

　ちなみに，アミノ酸が移動したことを確認するために使われるのが，アミノ酸の検出法である**ニンヒドリン反応**です。電気泳動後，ろ紙にニンヒドリン溶液を噴霧し，加湿すると，アミノ酸が存在する場所が紫色に呈色します。

　また，電気泳動以外に，陽イオン交換樹脂を利用する方法もあります。
　本問と同じグリシン（等電点 6.0），グルタミン酸（等電点 3.2），およびリシン（等電点 9.7）の混合溶液で考えましょう。

〔**操作 1**〕　pH=2 の酸性水溶液にし，陽イオン交換樹脂に通じる。
　　　　　➡ pH=2 ではすべてのアミノ酸が正に帯電しており，陽イオン
　　　　　　交換樹脂に吸着。
〔**操作 2**〕　緩衝溶液を流し，pH を徐々に大きくしていく。
　　　　　➡等電点に達したアミノ酸は，電荷をもたないため陽イオン交換
　　　　　　樹脂から流出。等電点の小さい順，すなわちグルタミン酸，グ
　　　　　　リシン，リシンの順に流出する。

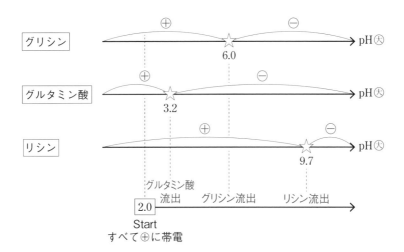

◆**重要!** アミノ酸の分離法

- **電気泳動**

    アミノ酸の混合溶液を緩衝溶液で湿らせたろ紙の中央にたらして電極を配置し，電圧をかける。

    ➡「緩衝溶液の pH ＜等電点」のアミノ酸：正に帯電【**陰極側へ移動**】
    「緩衝溶液の pH ＞等電点」のアミノ酸：負に帯電【**陽極側へ移動**】
    「緩衝溶液の pH ≒等電点」のアミノ酸：電荷なし【**移動しない**】

- **陽イオン交換樹脂**

    アミノ酸の混合溶液を pH が小さい酸性水溶液にして陽イオン交換樹脂に通じ，その後緩衝溶液を流して pH を徐々に大きくしていく。

    ➡ 等電点が小さいアミノ酸から順に流出

最後に，ペプチドの異性体に関する **問6** を確認しましょう。

> **問6** グリシン 1 分子とアラニン 1 分子が縮合したジペプチドには，鏡像異性体(光学異性体)も含め何種類の異性体があるか。

グリシン(Gly)1 分子とアラニン(Ala)1 分子の並び方は以下の 2 種類が考えられます(ただし N は N 末端，C は C 末端を表します)。

$$N-Gly-Ala-C \qquad N-Ala-Gly-C$$

また，アラニン(Ala)には不斉炭素原子が存在するため，1 対の鏡像異性体(光学異性体)が存在します。

以上より，ジペプチドの異性体は，2×2＝**4** 種類です。

◆**重要!** ペプチドの異性体の数

構成アミノ酸の並び方×2^n （n：不斉炭素原子の数）

解答

問1

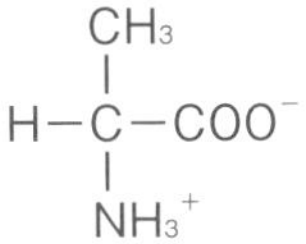

```
      CH₃
      |
H—C—COO⁻
      |
      NH₃⁺
```

問2 $[H^+]=1.0\times10^{-2}$ 倍，$[OH^-]=1.0\times10^2$ 倍

問3 ア　い：2.3　　イ　え：9.7　　ウ　う：6.0

問4 $+1 \to 0 \to -1 \to -2$

問5 グリシン，グルタミン酸

問6 4

Theme
13.
タンパク質・ペプチド
▶ 金沢大学

本番で取りたい
正解数

7／7
題

［問題は別冊30ページ］

イントロダクション

この問題のチェックポイント

☑ 代表的なアミノ酸の特徴が言えるか
☑ タンパク質の検出反応が頭に入っているか
☑ タンパク質の構造に関する知識があるか

　タンパク質・ペプチドのテーマで出題されやすいアミノ酸の配列決定の問題です。与えられた情報を書き出して整理していきます。手を動かしてしっかりと演習しておきましょう。

解説

問1　問題文に従い，順に情報をチェックしていきましょう。

ペプチド X のアミノ酸の配列
＜ペプチド X ＞
(N 末端) アミノ酸 1 − アミノ酸 2 − アミノ酸 3 − アラニン (C 末端)

アミノ酸 1〜3 の選択肢 ((3) より)
　フェニルアラニン，システイン，リシン，セリン，アスパラギン酸

　ペプチド X を構成しているアミノ酸の選択肢は(3)にあります。それぞれのアミノ酸の特徴を確認しておきましょう。
・フェニルアラニン (Phe) ➡ 側鎖にベンゼン環あり
・システイン (Cys) ➡ 側鎖に S 原子あり
・リシン (Lys) ➡ 側鎖に −NH₂ あり (塩基性アミノ酸)
・セリン (Ser) ➡ 側鎖に −OH あり
・アスパラギン酸 (Asp) ➡ 側鎖に −COOH あり (酸性アミノ酸)
　側鎖を正確に覚えてなくてもよいので，特徴は言えるようになっておきましょう。

◆**重要!** 代表的なアミノ酸の特徴

- グリシン(**Gly**) ➡ 不斉炭素原子をもたない(光学不活性)

- アラニン(**Ala**) ➡ 特徴をもたない(情報を与えられにくい)

- アスパラギン酸(**Asp**)・グルタミン酸(**Glu**)
  ➡ 側鎖に−COOH あり(酸性アミノ酸)

- リシン(**Lys**) ➡ 側鎖に−NH₂ あり(塩基性アミノ酸)

- フェニルアラニン(**Phe**)・チロシン(**Tyr**) ➡ 側鎖にベンゼン環あり

- システイン(**Cys**)・メチオニン(**Met**) ➡ 側鎖に S 原子あり

それでは,〔**実験 1**〕から確認していきましょう(問題文からわかる情報を書き出していきましょう)。

【実験 1】			
ペプチド X ——キモトリプシン*——→	**A1**	+	**A2**
【反応 I】 キサントプロテイン反応	陽性		陰性
【反応 II】 S 原子を検出する反応	陰性		陽性
(※:側鎖にベンゼン環を含むアミノ酸のカルボキシ基側のペプチド結合を加水分解によって切断する酵素)			

「ペプチド X をキモトリプシンで処理するとペプチド A1(X の N 末端側)と A2(X の C 末端側)が得られた」とあります。

キモトリプシンは側鎖にベンゼン環をもつアミノ酸の C 末端側のペプチド結合を切断する酵素なので,本問では,**フェニルアラニンの C 末端側が切断**されて 2 つのペプチドに分離したことがわかります。すなわち,**A1 のC 末端はフェニルアラニン**と決定できます。

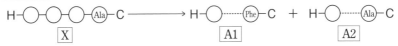

また,A1, A2 に対し,次の 2 つの反応(I・II)を行っています。

【反応Ⅰ】 濃硝酸を加えて加熱し，冷却後にアンモニア水を加えた。

この反応は キサントプロテイン反応 (1)とよばれるもので，側鎖にベンゼン環をもつアミノ酸（本問ではフェニルアラニン）を含むペプチドを検出することができます。

〈結　果〉 A1 のみ橙黄色に変化。

➡ A1 のみ陽性だったことから，A1 のみにフェニルアラニンが含まれていることがわかります。

【反応Ⅱ】 水酸化ナトリウム水溶液を加えて加熱した後，酢酸鉛（Ⅱ）水溶液を加えた。

この反応はタンパク質やアミノ酸に含まれている 硫黄原子 (2)を検出する反応で，側鎖に硫黄原子をもつアミノ酸（本問ではシステイン）を含むペプチドを検出することができます。

〈結　果〉 A2 のみ黒色沈殿物が生じた。

➡ A2 のみ陽性だったことから，A2 のみシステインを含むことがわかります。

ここまでに判明した A1, A2 の情報から，ペプチド X は以下の❶，❷に絞ることができます。

A1：フェニルアラニンを含む。

A2：システイン，アラニン（C 末端）を含む。

ペプチド X

❶ （N 末端） アミノ酸1 - アミノ酸2 - アミノ酸3 - アラニン（C 末端）
　　　　　　 フェニルアラニン　　 どちらかがシステイン

❷ （N 末端） アミノ酸1 - アミノ酸2 - アミノ酸3 - アラニン（C 末端）
　　　　　　 フェニルアラニン　システイン

また，情報として与えられた2つのタンパク質の検出反応については，p.129 の「◆重要！」をしっかりと確認しておきましょう。

それでは〔**実験 2**〕を確認しましょう。

テーマ
13
タンパク質・ペプチド

[実験2]

ペプチド**X** ──────トリプシン*──────→ **B1** ＋ **B2**

【反応 I】キサントプロテイン反応　　　陽性　　　　陰性

【反応 II】S 原子を検出する反応　　　　陽性　　　　陰性

（※：側鎖にアミノ基を含むアミノ酸のカルボキシ基側のペプチド結合を加水分解によって切断する酵素）

「ペプチド X をトリプシンで処理するとペプチド B1（X の N 末端側）と B2（X の C 末端側）が得られた」とあります。

トリプシンは側鎖にアミノ基をもつアミノ酸の C 末端側のペプチド結合を切断する酵素なので，本問では，リシンの C 末端側が切断されて 2 つのペプチドに分離したことがわかります。すなわち，**B1 の C 末端はリシン**と決定できます。

H─◯─◯─◯─(Ala)─C ──────→ H─◯┈┈┈(Lys)─C ＋ H─◯┈┈┈(Ala)─C
　　　　　X　　　　　　　　　　　　　　　B1　　　　　　　　　　B2

また，B1, B2 に対して〔**実験 1**〕と同じ 2 つの反応を行っています。

【反応 I】キサントプロテイン反応

〈結　果〉　B1 のみ橙黄色に変化。

　➡ B1 のみ陽性だったことから，B1 のみにフェニルアラニンが含まれていることがわかります。

【反応 II】硫黄原子を検出する反応

〈結　果〉　B1 のみ黒色沈殿物が生じた。

　➡ B1 のみ陽性だったことから，B1 のみにシステインが含まれていることがわかります。

ここまでに判明した B1, B2 の情報から，ペプチド X は以下のように決定できます。

B1：フェニルアラニン・システイン・リシンを含む

B2：アラニン（C 末端）を含む

ペプチド X

　　　　　　　　　　　　　B1　　　　　　　　　　　　　B2

（N 末端） | アミノ酸1 |─| アミノ酸2 |─| アミノ酸3 |─| アラニン |（C 末端）

　　　　　フェニルアラニンまたはシステイン　　　リシン

また、〔実験1〕の結果より、フェニルアラニンとシステインについて以下のことが判明しています。

　　フェニルアラニン：アミノ酸1（❶の場合）またはアミノ酸2（❷の場合）
　　システイン：アミノ酸2（❶の場合）またはアミノ酸3（❶・❷の場合）

(3)　アミノ酸3はリシンと決まったため、フェニルアラニンはアミノ酸1、システインはアミノ酸2と決定でき、ペプチドXは以下のような配列と決まります。

　　（N末端）フェニルアラニン アミノ酸1 － システイン アミノ酸2 － リシン アミノ酸3
　　－アラニン（C末端）

　　問2 の味覚に関与するアミノ酸についての問いを順に確認していきましょう。

(1)　うま味成分として知られており、うま味調味料として用いられているアミノ酸は、 グルタミン酸 です。

　　アミノ酸には、基本的に鏡像異性体がありますが、鏡像異性体の関係にある1対のアミノ酸は性質がまったく異なります。実際にグルタミン酸も、うま味をもつのは一方のみで、もう一方には味がありません。

　　グルタミン酸以外に、アスパラギン酸にもうま味や酸味があります。

(2)　甘味とコクを与えるアミノ酸は グリシン です。問題文にある「最も分子量が小さいアミノ酸」とあるため、グリシンと気付きやすいでしょう。側鎖が水素原子のみで、不斉炭素原子をもたず、光学不活性のアミノ酸としてしっかりと押さえておきましょう。

　　グリシン以外にも、アラニンやセリンにも甘みがあります。

　　また、フェニルアラニンやシステイン、リシンなどには苦味があります。

解答

　問1 (1)　キサントプロテイン反応　　(2)　硫黄原子
　　　(3)　アミノ酸1：フェニルアラニン
　　　　　アミノ酸2：システイン　　アミノ酸3：リシン
　問2 (1)　グルタミン酸
　　　(2)　グリシン

Theme
14

酵　素

▶ 信州大学

本番で取りたい
正解数

16 / **18** 題

[問題は別冊32ページ]

テーマ
14

酵　素

イントロダクション

この問題のチェックポイント

☑ タンパク質の検出反応が頭に入っているか
☑ タンパク質の定量法（ケルダール法）を理解し計算できるか
☑ 酵素と反応速度についての知識があるか

　タンパク質と酵素に関する総合問題です。どれも典型的な問題なので，もれなく得点できるよう確認しておきましょう。

解　説

　問題文の中で問題につながる部分を最初から順に確認していきましょう。

タンパク質の分類

　タンパク質は，多数の（　**ア**　）が（　**イ**　）結合でつながった構造をもつ高分子化合物である。（　**ア**　）だけで構成されるタンパク質は（　**ウ**　）タンパク質，（　**ア**　）のほか，糖やリン酸，色素などで構成されるものは（　**エ**　）タンパク質とよばれる。

　タンパク質は $\boxed{α-アミノ酸}$ 問1 アが $\boxed{ペプチド}$ 問1 イ結合でつながった構造をもつ高分子化合物です。

　そして，タンパク質は以下のように分類されます。

- **構成物質による分類**
  - 構成物質が $α$-アミノ酸のみ ➡ $\boxed{単純}$ 問1 ウタンパク質
  - 構成物質に $α$-アミノ酸以外の物質も含む ➡ $\boxed{複合}$ 問1 エタンパク質

　複合タンパク質は生体内で特殊な機能をつかさどっているものが多く，次のようなものがあります。

α-アミノ酸以外の 構成物質	名　称	例
色素	色素タンパク質	ヘモグロビン
糖	糖タンパク質	ムチン
リン酸	リンタンパク質	カゼイン

　また，タンパク質には形状による分類もあります。問題とは関係ありませんが，確認しておきましょう。

- **形状による分類**
  - **球状タンパク質**：ポリペプチド鎖が折りたたまれて球に近い形状になったタンパク質
  - **繊維状タンパク質**：ポリペプチド鎖が何本か束状になって繊維状になったタンパク質

　球状タンパク質は水に溶けやすく，生命活動の維持に関わるものが多いのが特徴です。

　それに対し，繊維状タンパク質は水に不溶で，筋肉など構造の維持に関わるものが多いという特徴をもちます。

球状タンパク質　　　　　　　繊維状タンパク質

　次は，タンパク質の検出法についてです。

タンパク質の検出法

　タンパク質の水溶液に，水酸化ナトリウム水溶液と硫酸銅(Ⅱ)水溶液を加えて振り混ぜると（　**オ**　）色となる。これはタンパク質の分子中の（　**イ**　）結合の部分が銅(Ⅱ)イオンと配位結合を形成し，錯イオンをつくることによる呈色であり，（　**カ**　）反応とよばれる。また，タンパク質水溶液にニンヒドリン水溶液を加えて温めると，ニンヒドリンが（　**キ**　）基と反応することで赤紫～青紫色を呈色する。

タンパク質の検出法はペプチドの配列決定でも出題されやすく，最重要事項となります。

　本問とは関係ないものも含め，まとめて確認しておきましょう。

◆重要！ タンパク質の検出法

- **ニンヒドリン反応**

　ニンヒドリン水溶液を加えて温めると赤紫色～青紫色に呈色する。

　(原因) アミノ ［問1］**キ**基($-NH_2$)がニンヒドリンと反応する。

　　　　α-アミノ酸もアミノ基をもつため，アミノ酸の検出にも利用される。

- **ビウレット** ［問1］**カ反応**

　水酸化ナトリウム水溶液と硫酸銅(Ⅱ)水溶液を加えると 赤紫 ［問1］**オ**色に呈色する。

　(原因) ペプチド ［問1］**イ**結合の部分が Cu^{2+} と配位結合を形成して錯イオンをつくる。このとき，ペプチド結合が2つ以上必要である。すなわちトリペプチド以上が検出できる。

- **キサントプロテイン反応**

　濃硝酸を加えて加熱すると黄色に変化し，そのあと塩基性にすると橙黄色に変化する。

　(原因)ベンゼン環のニトロ化。

　　　　側鎖にベンゼン環をもつα-アミノ酸(例 フェニルアラニン・チロシンなど)から構成されるタンパク質が検出可能。

- **硫黄原子を検出する反応**

　水酸化ナトリウム水溶液を加えて加熱したあと，酢酸鉛(Ⅱ)水溶液を加えると硫酸鉛(Ⅱ)PbS の黒色沈殿が生成する。

　(原因)側鎖の S 原子が S^{2-} に変化し Pb^{2+} と沈殿を生成。

　　　　側鎖に S 原子をもつα-アミノ酸(例 システインなど)から構成されるタンパク質が検出可能。

それでは，問題文を読み進めていきましょう。

タンパク質の定量法（ケルダール法）（ 問2 問3 ）

　　タンパク質水溶液に固体の水酸化ナトリウムを加えて加熱すると，タンパク質が分解して①アンモニアが生成する。（　**ウ**　）タンパク質の場合，成分元素の質量含有率はタンパク質の種類によらずほぼ同じであるため，②生成したアンモニアの質量から，食品などのタンパク質含有率を見積もることができる。

　食品に含まれるタンパク質の量を調べるなど，タンパク質の定量に利用されているのがケルダール法です。

◆**重要!** ケルダール法の計算

（ⅰ）**タンパク質（単純タンパク質の場合，N含有率は約16%）に含まれているN原子をNH_3に変えて取り出す。**

　　例　タンパク質（N含有率16%）にN原子がx〔mol〕含まれているとNH_3がx〔mol〕が発生。

（ⅱ）**（ⅰ）で発生したNH_3を逆滴定で定量する。**

　　例　NH_3が0.1 molと決定できたら，タンパク質に含まれていたN原子も0.1 molと決まる。

（ⅲ）**N原子の量からタンパク質の量を導出する。**

　　例　N原子（原子量14）0.1 mol ➡ 1.4 g

　　　　タンパク質（N含有率16 %）➡ $1.4 \times \dfrac{100}{16} = 8.75$ g

　　　　　　　　　　　　　　　食品に含まれる**タンパク質は8.75〔g〕**

　それでは，下線部①・②に関する 問2 問3 の問題文を確認しましょう。

　 問2 　　アンモニアの生成を確認するためにどのような方法があるか。
　〔40字以内〕

通常，NH₃ の検出には濃塩酸が利用されます。

NH₃ に濃塩酸を近づけると，以下のように中和反応が起こり，塩化アンモニウムの白煙が生じます。

$$NH_3 + HCl \longrightarrow NH_4Cl$$

同様に，塩化水素 HCl にアンモニア水を近づけると白煙を生じるため，HCl の検出にも利用されます。

> **問3**　5.0 g の大豆試料を分解したところ，0.34 g のアンモニアが発生した。アンモニアはすべてタンパク質の分解から生じたとすると，大豆中のタンパク質の含有率は何 % か。ただし，タンパク質中の窒素の質量含有率は 16 % とする。

NH₃（分子量 17）0.34 g の物質量は $\dfrac{0.34}{17} = 0.020$ 〔mol〕であるため，タンパク質に含まれている N 原子も 0.020 mol で，質量にすると $0.020 \times 14 = 0.28$ 〔g〕となります。

大豆 5.0 g 中のタンパク質含有率を x % とすると，タンパク質の N 含有率が 16 % であることから N 原子の質量に関して以下のような式が成立します。

$$5.0 \times \frac{x}{100} \times \frac{16}{100} = 0.28 \qquad x = 35.0 \qquad \boxed{\mathbf{35}〔\%〕}$$

ここから，生体内で触媒として働くタンパク質である酵素についてです。

> **酵素の基質特異性**
> 　一般に，酵素は特定の基質だけに作用する。このような性質を酵素の（　**ク**　）という。例えば，③アミラーゼはデンプンを加水分解する酵素であるが，同じ多糖であっても，セルロースには作用しない。胃液や膵液の酵素（　**ケ**　）は油脂をモノグリセリドと脂肪酸に加水分解するが，タンパク質の（　**イ**　）結合を加水分解できない。その一方，（　**コ**　）はタンパク質の（　**イ**　）結合を加水分解できる。

酵素には反応を起こす特定の構造があり，活性部位（または活性中心）といいます。酵素は活性部位にあてはまる構造をもつ特定の相手（基質）にしか作用しません。これを酵素の **基質特異性** 問1 ク といいます。

酵素は次のように触媒として作用していきます。

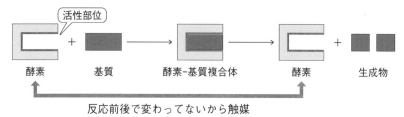

活性部位

酵素 ＋ 基質 → 酵素-基質複合体 → 酵素 ＋ 生成物

反応前後で変わってないから触媒

酵素と基質の組み合わせには次のような例があります。

酵素	基質
アミラーゼ	デンプン
リパーゼ 問1 ケ	油脂
プロテアーゼ 問1 コ	タンパク質
インベルターゼ	スクロース

それでは，ここで下線部③に関する 問4 を確認しましょう。

> 問4　デンプン ──→ （　A　） ──→ （　B　） ──→ グルコース
> (1)　AとBの名称をそれぞれ答えよ。
> (2)　Bをグルコースに分解する酵素の名称を答えよ。

デンプンにアミラーゼを作用させると，重合度の低い多糖である デキストリン (1)A に変化し，最終的に二糖類の マルトース (1)B に変化します。そして，マルトースに マルターゼ (2) を作用させると単糖類のグルコースに変化します。

最後は酵素と反応速度についてです。

酵素と反応速度
　④酵素反応が起きるとき，まず基質は酵素の活性部位とよばれる特定の部分に結合し複合体を形成する。次に基質は生成物に変換されて酵素から放出される。多くの酵素は，40℃近くまでは，温度が上がると反応速度は大きくなるが，⑤それ以上の温度では逆に反応速度は急に低下し，60℃以上では，ほとんどの酵素は触媒作用を完全に失う。このように，酵素の触媒作用がなくなることを，酵素の（　サ　）という。

酵素が関係する反応の反応速度は，以下の3つが関与します。

✦**重要!** 酵素が関係する反応の反応速度

- **温度**

　酵素は体温付近（40℃前後）で最も活性になり，これを**最適温度**という。

  - **最適温度より低い温度**
  　通常の化学反応どおり，温度が高くなるにつれて反応速度が大きくなる。

  - **最適温度より高い温度**
  　タンパク質の変性により **失活** する。

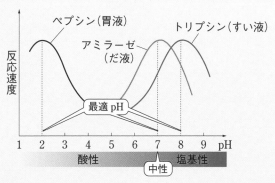

- **pH**

　反応速度が最大になる pH を**最適 pH**という。

　酸や塩基により，タンパク質の変性が起こり失活するため最適 pH が存在する。

- **基質の濃度**

  ①基質の濃度が低いとき
  　基質の濃度の増加にともない，反応速度も増加。

  ②基質の濃度が高いとき
  　酵素の量が不足し，生成する複合体の量がそれ以上増加しないため，反応速度は一定になる。

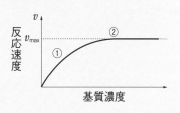

それでは，下線部④と⑤に関する ■問5 ■問6 を確認してみましょう。

■問5

(1) 図1中(I)の濃度域では，反
応速度は基質の濃度増加にと
もない増加するが，図1中(II)
の濃度域では，反応速度はほ
ぼ一定となる。その理由を40
字以内で答えよ。

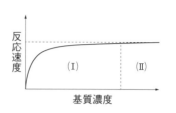

図1　反応速度と基質濃度との関係

(2) 図1の実験条件のうち酵素
濃度を半分にしたとき，どの
ような曲線になるか。図2の
Ⓐから©から1つ選び，記号
で答えよ。点線は酵素濃度が
変化する前の曲線を示す。

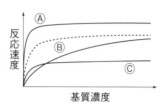

図2　反応速度と基質濃度との関係

---

(1)　前ページの◆**重要!**のとおり，**基質の濃度が十分大きくなると酵素の量
が不足するため，生成する複合体の量はそれ以上増加することがありませ
ん**。それにより，反応速度は最大値でほぼ一定になります。

(2)　触媒である酵素を半分にすると，反応速度も小さくなるためグラフⒸ
が適切と考えられます。

■問6　　下線部⑤の現象について，タンパク質に関連して，その理由
を40字以内で述べよ。

先述の確認のとおり，**酵素はタンパク質であるため，加熱によりタンパク
質の変性が起こり，失活します。**

解答

問1 ア α-アミノ酸　**イ** ペプチド　**ウ** 単純　**エ** 複合
 オ 赤紫　**カ** ビウレット　**キ** アミノ　**ク** 基質特異性
ケ リパーゼ　**コ** プロテアーゼ　**サ** 失活

問2 濃塩酸を近づけると，中和反応により生成する塩化アンモニウムの白煙が生じる。(37字)

問3 35〔%〕

問4 (1)　A：デキストリン　B：マルトース
(2)　マルターゼ

問5 (1)　基質の濃度が十分大きくなると酵素の量が不足し，生じる複合体の量が一定になるため。(40字)
(2)　Ⓒ

問6 酵素はタンパク質なので，加熱によりタンパク質の変性が起こって失活するため。(37字)

[問題は別冊35ページ]

イントロダクション

この問題のチェックポイント

☑ 核酸に関する知識があるか
☑ 論述問題に対応できるか（テーマはタンパク質）

　核酸に関する問題です。DNA や RNA に関する知識が頭に入っているか，しっかりと確認していきましょう。また論述問題（テーマはタンパク質）にもチャレンジしましょう。

解説

　問題文に従い，順に情報をチェックしていきましょう。

> **核　酸**
> 　地球上に存在するすべての生物の細胞内には，　**ア**　とよばれる高分子化合物が存在する。　**ア**　には DNA と RNA の 2 種類が存在し，どちらも五炭糖に塩基とリン酸が結合した　**イ**　とよばれる構成単位が重合した物質である。

　あらゆる生物の細胞の中にあり，生命活動に大きく関わっている高分子が 核酸 問1 ア です。核酸には DNA と RNA の 2 種類があり，どちらも五炭糖（ペントース），塩基，リン酸から構成された ヌクレオチド 問1 イ という単位が重合した物質です。よって，核酸はポリヌクレオチドと表現することができます。

　核酸を構成している成分についてまとめておきましょう。苦手な人は，それぞれについて手を動かして書いておきましょう。

◆重要! 核酸の構成成分

　核酸の構成成分は，リン酸・五単糖（ペントース）・有機塩基（以下，塩基）の3つ。

● リン酸

　リン酸に限らず，オキソ酸の構造は書けるように練習しておこう。

$$\begin{matrix} & O \\ & \uparrow \\ HO-&P-OH \\ & | \\ & OH \end{matrix}$$

（↑は配位結合を表す。
＝で表すこともある）

テーマ
15
核
酸

● 五炭糖（ペントース）

　核酸を構成している五炭糖（ペントース）は，以下に示すリボースとデオキシリボースの2つである。

　デオキシリボースの「デオキシ」は「脱酸素」という意味で，リボースの C2 についた酸素を取ったものがデオキシリボースである。

リボース　　　　　　　デオキシリボース

● 塩基

核酸を構成している塩基は以下に示す5つがある。

アデニン(A)　グアニン(G)　シトシン(C)　チミン(T)　ウラシル(U)

● ヌクレオチド

　上記の3つの成分が脱水縮合してできる縮合体がヌクレオチドである。

例　リン酸・デオキシリボース・アデニンからなるヌクレオチド

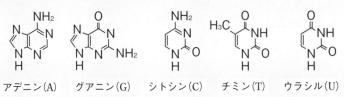

ヌクレオチド

137

このヌクレオチドが多数縮合したものが核酸である。

それでは，DNA と RNA に関する問題文を確認してみましょう。

DNA・RNA

　DNA は通常，異なる 2 本の DNA 鎖どうしが，(a) 特定の塩基対を形成して巻きあわさり，　ウ　構造を形成する。また，DNA の塩基情報を写しとる形で RNA が合成され，その RNA の塩基配列に基づいてタンパク質が合成される。

　遺伝情報を担うのが DNA（デオキシリボ核酸）です。ヌクレオチドの構成物質は「リン酸」「デオキシリボース」「アデニン（以下 A）・グアニン（以下 G）・シトシン（以下 C）・チミン（以下 T）」です。

　そして，DNA は通常 二重らせん 問1 ウ 構造になっています。

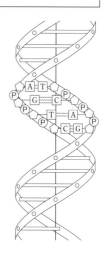

　この二重らせん構造は，塩基間にできる水素結合によって保持されています。

　水素結合を形成する塩基の組み合わせは「A と T」「G と C」と決まっており，このような関係を相補的な関係といいます。また，それぞれの組み合わせが形成する水素結合の数は，「A と T」が 2 本，「G と C」が 3 本です。

　一度は手を動かして，水素結合を確認しておきましょう。

それでは，DNAに関する **問2** を確認してみましょう。

> **問2** 4つの塩基(アデニン(A)，シトシン(C)，グアニン(G)，チミン(T))の構造式を参考にして，下線部(a)の塩基対を，水素結合を含む構造式で2組記せ。ただし，形成される水素結合は点線で示すこと。

水素結合が形成されるのは，以下の点線で示す場所です。

X－H·······X　　　　(X は F・O・N のいずれか)

● **A と T の組み合わせ**

(与えられた A をそのまま左にもってくると，T はひっくり返した状態で右に並べる必要があります)

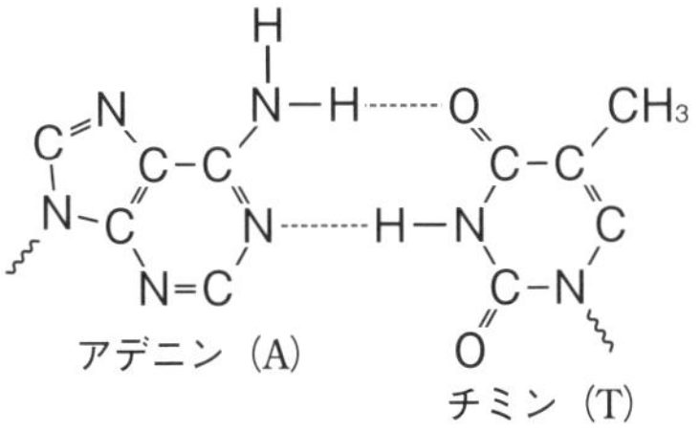

● **G と C の組み合わせ**

(与えられた G をそのまま左にもってくると，C はひっくり返した状態で右に並べる必要があります)

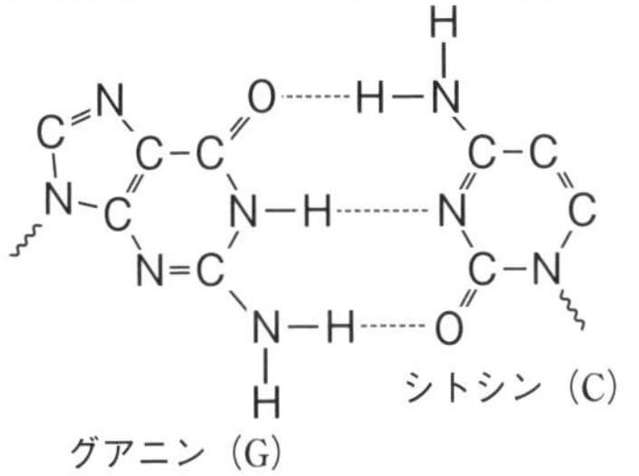

◆**重要!** DNA

　役割：遺伝情報
　構成物質：リン酸・デオキシリボース・塩基(A・G・C・T)
　構造：二重らせん構造(相補的な塩基：A と T，G と C)

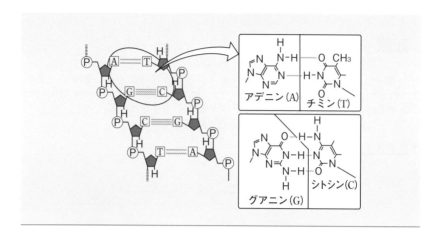

　タンパク質の合成を担うのが RNA（リボ核酸）です。

　ヌクレオチドの構成物質は「リン酸」「リボース」「A・G・C・ウラシル（以下 U）」です。

　タンパク質の合成には，約20種類のアミノ酸を指定することが必要です。しかし，構成塩基は A・G・C・U の４種類しかないため，３つの塩基の並びで１つのアミノ酸を表します。この３つの塩基配列を**コドン**といいます。

例　**コドン　　　　アミノ酸**

　　UUU → フェニルアラニン

　それでは，　**問3**　を確認しましょう。

　問3　DNA または RNA の構成単位の構造式を右に示す。

　　DNA または RNA の場合について，X の部分にあてはまるものをそれぞれ選択肢から１つずつ選べ。

DNA を構成している五炭糖（ペントース）はデオキシリボースなので，X に入るのは H 原子です。よって，選択肢 ① DNA が正解となります。

また，RNA を構成している五炭糖（ペントース）はリボースなので，X に入るのは－OH です。よって，選択肢 ⑥ RNA が正解となります。

◆重要! RNA

- **役割**：タンパク質の合成

- **構成物質**：リン酸・リボース・塩基（A・G・C・U）

- **情報の管理**：3 つの塩基の並び（コドン）で 1 つのアミノ酸を表す。
  コドンは全部で 4×4×4＝64 種類考えられる。

- **タンパク質の合成**：
  DNA の二重らせん構造の一部がほどかれ，相補的な関係にある塩基をもつ RNA が合成される（転写）。合成された RNA をメッセンジャー RNA（mRNA）という。DNA は原本，mRNA はコピーのようなものである。mRNA のデータに基づき，タンパク質が合成される（翻訳）。

それでは次にタンパク質（コロイド）に関する確認です。

> **タンパク質（コロイド）**
> タンパク質はアミノ酸を構成単位とした高分子化合物であり，その溶液は (b) コロイド溶液となる。

タンパク質やデンプンのような有機化合物のコロイドは**親水コロイド**であり，多量の電解質を加えると沈殿します（**塩析**）。

> **問4** コロイド粒子はたえず不規則な運動をしている。この現象の名称を記せ。また，この現象の主な原因として考えられるものを，選択肢から 1 つ選べ。

コロイド粒子は通常の分子やイオンより大きく（直径 10^{-9}〜10^{-7}m），コロイド粒子自体は熱運動をしていません。しかし，**熱運動をしている分散媒（水分子）の衝突**により不規則な運動をしています。これを ブラウン運動 名称といい，限外顕微鏡で確認することができます。

以上より，主な原因として適切な選択肢は ④ となります。

酵素の基質特異性

> **酵素の基質特異性**
>
> 　トリプシンはタンパク質をアミノ酸や ［　エ　］ に分解するが，油脂を分解しない。一方，リパーゼは油脂を ［　オ　］ と脂肪酸に分解するが，タンパク質には作用しない。

　「酵素の基質特異性」については テーマ14 で確認しています（➡ p.131）。ここでは，空欄の確認のみ行います。

　トリプシンはタンパク質をアミノ酸や ペプチド [問1] エに分解する酵素です。そして，リパーゼは油脂を グリセリン [問1] オと脂肪酸に分解する酵素です。

　それでは 問5 〜 問7 を確認しましょう。

> **問5** セッケンの水溶液と，合成洗剤の水溶液がある。それぞれの水溶液に，次の(1)と(2)の操作を行った場合，どのようになると予想されるか。
> (1)　フェノールフタレイン溶液を加える。
> (2)　塩化マグネシウム水溶液を加える。

　油脂とセッケンについては テーマ16 で詳しく触れます（➡ p.146）。

● **セッケン**

(1)　弱酸と強塩基からなる塩なので，水に溶けて弱塩基性を示します。よって，フェノールフタレイン溶液により赤く呈色するため，選択肢④が適切です。

(2)　セッケンは硬水中（Ca^{2+} や Mg^{2+} を多く含む水）で不溶性の塩（白色）をつくるため，洗浄力が低下します。よって，選択肢は①となります。

● **合成洗剤**

(1)　強酸と強塩基からなる塩なので，水に溶けて中性を示します（別名，中性洗剤）。よって，フェノールフタレイン溶液による色の変化は見られないため，選択肢③が適切です。

(2)　合成洗剤は硬水中（Ca^{2+} や Mg^{2+} を多く含む水）でも不溶性の塩をつくらないため，洗浄力は低下しません。よって，選択肢は③となります。

問6 図のタンパク質(骨格部分)にみられる二次構造の名称を記せ。また，四角で囲んだ部分の共有結合を担うアミノ酸の名称と，この結合の名称をそれぞれ記せ。

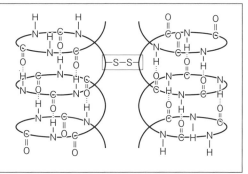

タンパク質の構造についてまとめておきましょう。

◆**重要!** タンパク質の構造

タンパク質の構造は一次構造から四次構造に分けてとらえていく。その中で，一次構造から三次構造までが入試で問われる。

● **一次構造(アミノ酸の配列順序)**

一次構造をつくっているのはペプチド結合。配列順序はDNAで決まっている。

● **二次構造(規則的な立体構造)**

二次構造をつくっているのはペプチド結合間にできる水素結合。

• *α*-ヘリックス構造

分子内の水素結合で保持されるらせん構造。

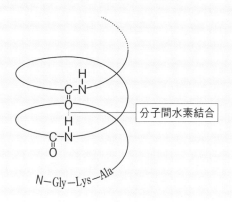

- ● β-シート構造
  分子間の水素結合で保持されるシート状の構造。

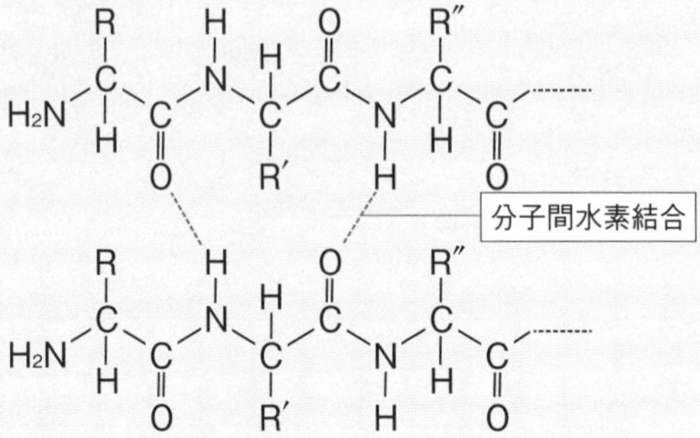

● **三次構造（不規則な立体構造）**

　三次構造をつくっているのは，側鎖間にできるさまざまな結合（イオン結合，ジスルフィド結合※など）。

　※システインの側鎖間にできる共有結合。

$$-CH_2-SH \quad HS-CH_2- \longrightarrow -CH_2-S-S-CH_2-$$
　　　　　　システインの側鎖

　システインは酸化されてジスルフィド結合により二量体をつくる。

　与えられた図はらせん構造なので，二次構造の中の $\boxed{α-\text{ヘリックス構造}}$構造 です。

　また，四角で囲まれた部分は $\boxed{\text{ジスルフィド結合}}$結合とよばれる，$\boxed{\text{システイン}}$アミノ酸 の側鎖間につくられる共有結合です。

　$\boxed{\text{問7}}$ 一般に化学反応は高温になるほど反応速度が大きくなるが，タンパク質による酵素反応は高温(60℃)ではほとんど進行しないことが多い。一般的な化学反応の速度が高温で上昇する理由と，酵素反応が高温でほとんど進行しない理由をそれぞれ簡潔に説明せよ。

　酵素と反応速度に関しては $\boxed{\text{テーマ14}}$ で詳しく確認しています（➡ p.132）。ここでは問題文に従い，簡潔に記すだけにします。

一般的な化学反応の速度が高温で上昇する理由

➡ 一般的な化学反応では，高温になるほど活性化エネルギー以上のエネルギーをもつ分子が増加するため，反応速度が上昇する。

酵素反応が高温でほとんど進行しない理由

➡ 酵素はタンパク質なので，最適温度を超えるとタンパク質の変性により失活してしまうため，反応がほとんど進行しない。

解答

問1 ア　核酸　　イ　ヌクレオチド　　ウ　二重らせん
エ　ペプチド　　オ　グリセリン

問2

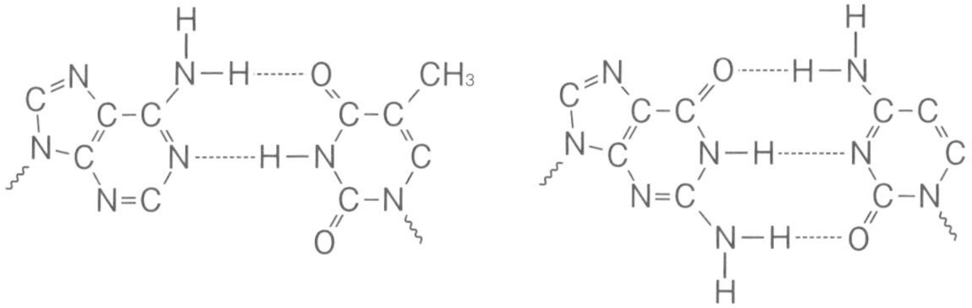

問3 DNA：①　　RNA：⑥

問4 現象の名称：ブラウン運動　主な原因：④

問5 セッケン：(1)　④　　(2)　①
合成洗剤：(2)　③　　(2)　③

問6 二次構造の名称：α–ヘリックス構造
アミノ酸の名称：システイン　　結合の名称：ジスルフィド結合

問7 一般的な反応：高温になるほど活性化エネルギー以上のエネルギーをもつ分子が増加するため。（36字）
酵素反応：酵素はタンパク質なので，最適温度を超えるとタンパク質の変性により失活してしまうため。（42字）

［問題は別冊38ページ］

イントロダクション

この問題のチェックポイント

☑ 油脂に関する知識があるか
☑ 油脂の計算問題の立式がスムーズにできるか

　油脂に関する問題です。油脂は計算問題が必ず出題されます。計算問題にスムーズに対応するために必要な知識を押さえておきましょう。また，本問では扱っていませんが，セッケンについても確認しておきましょう。

解説

　問題文に従い，順に情報をチェックしていきましょう。

> 　天然の油脂を構成する脂肪酸の種類と含有率はさまざまである。油脂 X，Y，Z はオリーブ油，ごま油，ひまわり油のいずれかであり，これらの油脂の構成脂肪酸の組成を調べたところ，いずれも A，B，C，D，4 種類の脂肪酸のみを含むことがわかった。

　それでは，油脂 X，Y，Z と，それらの構成脂肪酸 A，B，C，D について問題を順に確認していきましょう。

> **問1**　A のみで構成される油脂の分子量は 806，B のみで構成される油脂の分子量は 884 であった。これより，A は ┃ ア ┃，B は ┃ イ ┃ であることがわかる。

　油脂は，グリセリン $C_3H_5(OH)_3$（分子量 92）と脂肪酸（分子量 M とする）3分子が脱水縮合したトリグリセリドです。よって，その油脂の分子量は以下のように表すことができます。

$$92 + 3M - 3 \times 18 = \underline{\mathbf{38 + 3M}}$$

146

油脂 A(分子量 806)：38＋3*M*＝806　　**M＝256**

与えられた選択肢の中で，分子量 256 の脂肪酸は，④　パルミチン酸アで
す。

油脂 B(分子量 884)：38＋3*M*＝884　　**M＝282**

与えられた選択肢の中で，分子量 282 の脂肪酸は，⑦　オレイン酸イです。

◆**重要!** 油脂の計算をスムーズにする知識

　　油脂の計算をスムーズにするため，以下の 2 つを知っておくとよい。

● **代表的な脂肪酸と C＝C 結合の数**

　　入試で出題される油脂を構成する脂肪酸のほとんどは，次の表のも
のである。

　　油脂の名称と C＝C 結合の数は即答できるようになっておこう。

テーマ **16** 油 脂

	脂肪酸の名称	C＝C 結合の数
16	パルミチン酸	0
18	ステアリン酸	0
	オレイン酸	1
	リノール酸	2
	リノレン酸	3

例　リノール酸 2 分子とリノレン酸 1 分子からなる油脂の C＝C 結
合はいくつ?

　　➡ リノール酸の C＝C 結合は 2 つ，リノレン酸の C＝C 結合は
　　3 つなので，この油脂がもつ C＝C 結合の数は 2×2＋3＝**7**

● **「ステアリン酸」「ステアリン酸のみからなる油脂」の分子量**

　　C 数 18 の飽和脂肪酸(C＝C 結合なし)であるステアリン酸の分子
量「284」，ステアリン酸のみからなる油脂(C＝C 結合をもたない)の
分子量「**890**」。

例　分子量 872 の油脂がもつ C＝C 結合の数は?

　　➡ C＝C 結合 1 つにつき分子量が 2 減少するため，890 から減少
　　している分子量の半分が C＝C 結合の数となる。

$$(890－872)×\frac{1}{2}＝\underline{\textbf{9}}$$

（この油脂を構成している脂肪酸はリノレン酸（C＝C 結合の数 3）3 分子と考えられる。また，分子量が 872 より小さいときは，C 数が 16 のパルミチン酸を含んでいると予想してよい。）

（別解）

では，前ページの「◆重要！」の知識を使って 問1 を解答してみましょう。

油脂 A

分子量が 872 より小さいため，構成脂肪酸は C 数 16 のパルミチン酸と予想できます。先述の解答より構成脂肪酸の分子量は 256 と決定後，真っ先に ④ パルミチン酸 ᵃ の分子量を調べて正解に辿り着きましょう。

油脂 B

分子量 884 なので，油脂 B がもっている C＝C 数は $(890-884) \times \frac{1}{2} = 3$

です。よって，構成脂肪酸のもつ C＝C 数は $3 \times \frac{1}{3} = 1$ となるため，

⑦ オレイン酸 ᶦ と決まります。

> 問2 1 分子の B に水素 1 分子を付加すると C に，1 分子の D に水素 1 分子を付加すると B にそれぞれ変換された。これより C は ウ ，D は エ であることがわかる。

問1 より B はオレイン酸（C＝C 結合 1 つ）なので，1 分子の H_2 を付加すると C＝C 結合をもたない ステアリン酸 ᵘ に変化します。

また，D に 1 分子の H_2 を付加すると B にオレイン酸（C＝C 結合 1 つ）に変化したことから，D は C＝C 結合を 2 つもつ リノール酸 ᵉ と決まります。

> 問3 油脂 X は空気中の酸素で酸化されて徐々に固まる性質をもっており，このような油脂を オ という。一方，油脂 Y は空気中で固化しにくい性質をもっており，このような油脂を カ という。また，常温で液体であるべに花油のような油脂に，触媒を用いて高温で水素を付加し，常温で固体となるようにした油脂を キ といい，マーガリンの原料などに使用される。なお，このような操作を行う際に生じる ク を大量に摂取することは健康に対し悪影響を及ぼすと考えられており，これを含む食品の使用を規制する国が増えている。

油脂の中で，空気中で徐々に固まる性質をもつものを 乾性油 オ，固まりにくい性質をもつものを 不乾性油 カ といいます。

また，常温で液体の油脂（脂肪油）に水素を付加して固体にした油脂を 硬化油 キ といいます。このような操作を行う際に生じる トランス脂肪酸 ク は徐々に規制が進んでいます。

それでは油脂の分類についてまとめておきましょう。知識問題として問われることが多いため，抜けていた部分はしっかりと押さえておきましょう。

◆重要! 油脂の分類

- ● **常温常圧における状態による分類**
  - ● **脂肪 ➡** 常温で固体の油脂。基本的に動物性油脂で，飽和脂肪酸から構成される。
  - ● **脂肪油 ➡** 常温で液体の油脂。基本的に植物性油脂で，不飽和脂肪酸から構成される。
  - ● **硬化油 ➡** 液体の油脂（脂肪油）に水素を付加して固体に変えたもの。
- ● **固化しやすさによる分類**
  - ● **乾性油**：空気中に放置すると酸素によって酸化され，固化する油脂。（C＝C 結合・多）
  - ● **不乾性油**：空気中に放置しても固化しない油脂。
  - ● **半乾性油**：乾性油と不乾性油の中間の油脂。

> **問4** B のみで構成される油脂のヨウ素価を整数値で表すと ケ ，D のみで構成される油脂のヨウ素価を整数値で表すと コ である。ヨウ素価は，100 g の油脂に付加するヨウ素の質量 〔g〕の数値である。

C＝C 結合 1 つにつき，ヨウ素や水素が 1 分子付加します。よって，油脂が C＝C 結合を n 個もつとき，油脂と付加するヨウ素（分子量 254）の物質量比は以下のようになります。

油脂〔mol〕：付加するヨウ素〔mol〕＝1：n

これを使って，ヨウ素価を求めてみましょう。

B のみで構成される油脂

B はオレイン酸で C＝C 結合を 1 つもつため，B のみで構成される油脂は

テーマ **16**

油脂

C=C 結合を 3 つもちます。よって，この油脂の分子量は 890−2×3=884 です。また，油脂とヨウ素（分子量 254）の物質量比は 1：3 です。

ヨウ素価を x とすると，油脂 100 g に対して付加するヨウ素の質量〔g〕なので，以下の式が成立します。

$$油脂〔mol〕：ヨウ素〔mol〕= \frac{100}{884} : \frac{x}{254} = 1 : 3 \qquad \boldsymbol{x=86.1}$$

➡ $\boxed{86}$ ケ

D のみで構成される油脂

D はリノール酸で C=C 結合を 2 つもつため，D のみで構成される油脂は C=C 結合を 6 つもちます。よって，この油脂の分子量は 890−2×6=878 であり，油脂とヨウ素（分子量 254）の物質量比は 1：6 です。

ヨウ素価を y とすると，油脂 100 g に対して付加するヨウ素の質量〔g〕なので，以下の式が成立します。

$$油脂〔mol〕：ヨウ素〔mol〕= \frac{100}{878} : \frac{y}{254} = 1 : 6 \qquad \boldsymbol{y=173.5}$$

➡ $\boxed{174}$ コ

ここで，油脂の計算に関する重要な確認をしておきましょう。

◆重要! 油脂の計算

油脂の計算問題は以下の 2 つが重要である。

● けん化の計算
油脂は 3 価のエステルであるため，油脂とけん化に必要な NaOH（または KOH）の物質量の比は以下のようになる。

油脂：NaOH（または KOH）=1：3

基本的に，この計算から**油脂の分子量**を求めることになる。

・けん化価
油脂 1 g をけん化するために必要な KOH（式量 56）の質量〔mg〕

例 けん化価 192.6 の油脂の分子量 M（整数値）はいくら？

$$油脂〔mol〕：KOH〔mol〕= \frac{1}{M} : \frac{192.6 \times 10^{-3}}{56} = 1 : 3$$

$$\underline{\boldsymbol{M=872.2 ≒ 872}}$$

● 付加の計算

　油脂(C＝C結合をn個もつ)と付加するヨウ素(または水素)の物質量比は以下のようになる。

　　　油脂：NaOH(またはKOH)＝1：n

　基本的に，この計算から<u>油脂のもつC＝C結合の数</u>を求めることになる。

● ヨウ素価

　油脂100 g に付加するけん化するヨウ素(分子量254)の質量〔g〕

　　例　ヨウ素価262.1の油脂(分子量872)がもっているC＝C結合の数 n はいくら？

$$\text{油脂〔mol〕：I}_2\text{〔mol〕}=\frac{100}{872}:\frac{262.1}{254}=1:n \qquad n=9$$

　　(別解)　$(890-872)\times\dfrac{1}{2}=9$　(←この解法が圧倒的に速い)

それでは最後の問題を確認しましょう。

　問5 油脂Zの平均分子量は875.1で，ヨウ素価は118であった。また油脂Zを構成するAの物質量はCの物質量の2倍であった。この油脂を構成する脂肪酸すべての物質量を100％とした場合，AからDの物質量はそれぞれ，Aが □ **サ** □ ％，Bが □ **シ** □ ％，Cが □ **ス** □ ％，Dが □ **セ** □ ％である。

　ぱっと見，少しややこしいので，ゆっくりと1つずつ立式していきましょう。

　油脂Zがもつ C＝C 結合の総数(平均値)n は，ヨウ素価を使うと以下の物質量の比で表すことができます。

$$\text{油脂〔mol〕：I}_2\text{〔mol〕}=\frac{100}{857.1}:\frac{118}{254}=1:n \qquad n=3.98 \rightarrow \underline{4}$$

(本問はC数16のパルミチン酸を含んでいるため，890を使う方法は不適です。)

次に，1 mol の油脂 Z に含まれる構成脂肪酸についてまとめてみましょう。

脂肪酸	物質量〔mol〕	C＝C 数	分子量	
A（パルミチン酸）	$2x$	0	256	← 問1 で求めた
B（オレイン酸）	y	1	282	← $284-2\times1$
C（ステアリン酸）	x	0	284	←覚えておく
D（リノール酸）	z	2	280	← $284-2\times2$

まず，C＝C 結合の物質量について式①が成立します。

$y + 2z = 4$ ……①

油脂 1 mol 中に含まれる脂肪酸は 3 mol であるため式②が成立します。

$2x + y + x + z = 3$ ……②

また，油脂はグリセリン（分子量 92）と脂肪酸から水 3 分子が脱水縮合したものであるため，分子量について式③が成立します。

$92 + 256\times2x + 282y + 284x + 280z - 3\times18 = 875.1$ ……③

式①・②・③より，

$x = 0.123,\ y = 1.262,\ z = 1.369$ ➡ $x : y : z \fallingdotseq 1 : 10 : 11$

以上より，A〜D の物質量比は A：B：C：D＝2：10：1：11 となるため，物質量の割合は次のように決まる。

A：$\dfrac{2}{2+10+1+11}\times100 = 8.3$ ➡ $\boxed{8}$ サ〔％〕

B：$\dfrac{10}{2+10+1+11}\times100 = 41.6$ ➡ $\boxed{42}$ シ〔％〕

C：$\dfrac{1}{2+10+1+11}\times100 = 4.16$ ➡ $\boxed{4}$ ス〔％〕

D：$\dfrac{11}{2+10+1+11}\times100 = 45.8$ ➡ $\boxed{46}$ セ〔％〕

解答

問1	ア ④	イ ⑦		
問2	ウ ⑧	エ ⑥		
問3	オ ①	カ ⑧	キ ②	ク ⑤
問4	ケ ②	コ ⑥		
問5	サ 08	シ 42	ス 04	セ 46

本問では扱っていませんが,「油脂」と「セッケン・合成洗剤」は同時に確認しておいたほうがよいため,セッケンについてまとめておきましょう。

◆重要！セッケン

　油脂をけん化して得られる,高級脂肪酸のナトリウム塩やカリウム塩。
　セッケン分子は,図のように,疎水性のアルキル基と親水性のカルボキシ基のイオンからなる。

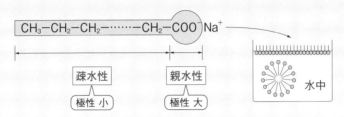

　セッケンを水に入れると,液面と水中でそれぞれ次の状態になる。

液面：疎水基を空気中,親水基を水中に向けて並ぶ。これにより水の表面張力が低下し,繊維の隙間にしみ込みやすくなる。このように水の表面張力を小さくする物質を**界面活性剤**という。

水中：疎水基を内側,親水基を外側に向けて集まりコロイド粒子(**ミセル**)をつくる。これにより,セッケン水中では油分が分散できる(**乳化作用**)。

　油汚れのついた繊維をセッケン水に浸し,機械的な力を加えると油汚れがミセルとなって繊維から脱離していく。

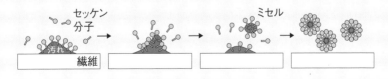

- **セッケンの性質**
  - **水溶液は塩基性**

    セッケンは弱酸と強塩基からなる塩なので，水中では加水分解により弱塩基性を示す。

    ➡ 動物性繊維に使用することができない（タンパク質の変性が起こるため）。
  - **硬水中で沈殿をつくる**

    硬水（Ca^{2+} や Mg^{2+} を多く含む水）中では沈殿をつくるため，洗浄力が低下する。
  - **生分解されやすい**

    自然界の微生物によって生分解されやすく，地球にやさしい。

◆**重要！** 合成洗剤

　セッケンの欠点（動物性繊維に使えない，硬水中で洗浄力が低下する）を克服するために化学合成された洗剤。

　強酸と強塩基からなる塩なので，中性（動物性繊維に使用できる）であるため中性洗剤ともいわれる。

- **高級アルコール系合成洗剤**

  　高級アルコールを硫酸エステル化したあと，水酸化ナトリウム水溶液で中和する。

$$R-OH \xrightarrow[\text{エステル化}]{H_2SO_4} R-O-SO_3H \xrightarrow[\text{中和}]{NaOH} R-O-SO_3Na$$

- **ABS（アルキルベンゼンスルホン酸）系合成洗剤**

  　アルキルベンゼンをスルホン化したあと，水酸化ナトリウム水溶液で中和する。

$$R-\langle\bigcirc\rangle \xrightarrow[\text{スルホン化}]{H_2SO_4} R-\langle\bigcirc\rangle-SO_3H \xrightarrow[\text{中和}]{NaOH} R-\langle\bigcirc\rangle-SO_3Na$$

Theme **17** ビニロン

▶東海大学（医学部）

本番で取りたい
正解数

4 / **5** 題

[問題は別冊40ページ]

イントロダクション

この問題のチェックポイント

☑ 立体異性体に関して正確な知識があるか
☑ ビニロンの計算がスムーズにできるか

　ビニロンとポリ乳酸に関する問題です。ビニロンの計算は定番なので、製法をしっかり理解した上でスムーズに解答していく必要があります。
　また、ポリ乳酸の問題を通じて立体異性体について正確な知識を入れておきましょう。

解 説

　ポリ乳酸についての問題から確認していきましょう。

【ポリ乳酸の合成】

$$\begin{array}{c} H \\ | \\ H-C-H \\ | \\ H-O-C-C-O-H \\ | \quad \| \\ H \quad O \end{array} \longrightarrow ラクチド \longrightarrow ポリ乳酸$$

乳酸

　ポリ乳酸は <u>生分解性高分子（自然界で微生物などによって分解される高分子）</u> [問3] D の1つで、トウモロコシやジャガイモに含まれるデンプン由来の高分子です。

　乳酸の縮合重合は進行しにくいため、通常、乳酸2分子からなる環状エステルを開環重合させて合成します。

テーマ
17
ビニロン

155

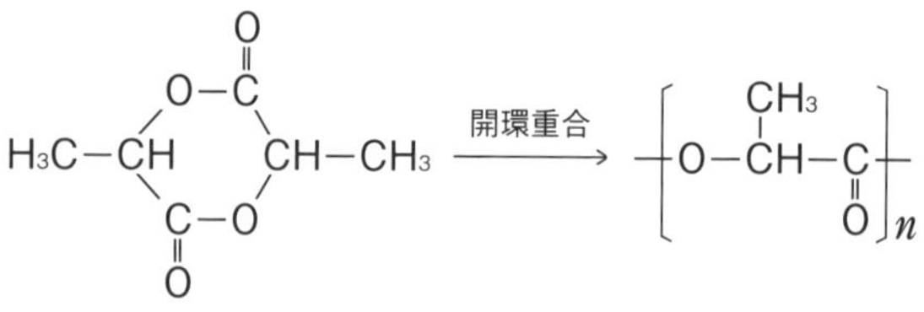

乳酸の環状エステル
（ラクチド）

開環重合

ポリ乳酸

◆重要! 生分解性高分子

- **ポリ乳酸**

  代表的な生分解性高分子の1つ。

  乳酸のラクチドを開環重合させて合成する。

- **その他**

  乳酸とグリコール酸の共重合によって得られる高分子。

  ➡ 生体に対する適合性が高く，酵素の働きにより分解されて体外に排出されるため，抜糸の必要がない手術用の縫合糸などに利用される。

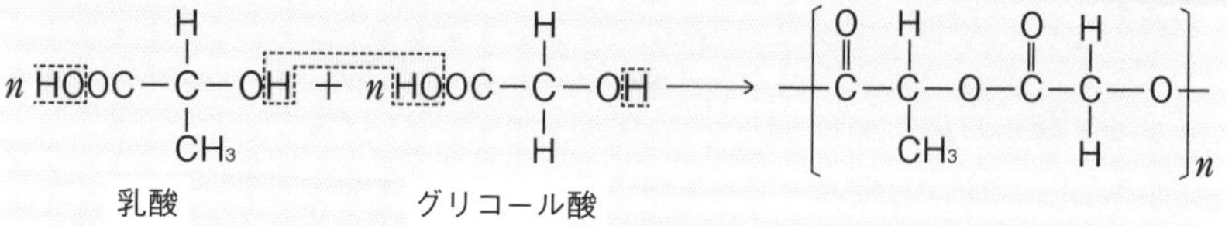

乳酸　　　　　グリコール酸

それでは，ラクチドに関する **問2** を確認してみましょう。

> **問2** ラセミ体（鏡像異性体の等量混合物）の乳酸から得られるラクチドには何種類の立体異性体が考えられるか。

問題文にあるとおり，鏡像異性体の等量混合物をラセミ体といいます。不斉炭素原子をもつ化合物を合成すると，基本的にラセミ体となります。

それでは，乳酸のラセミ体から得られるラクチドの立体異性体について考えてみましょう。

　不斉炭素原子1つにつき1対の鏡像体が存在するため，不斉炭素原子を2つもつラクチドには $2^2＝4$ 種類の鏡像異性体が存在します。

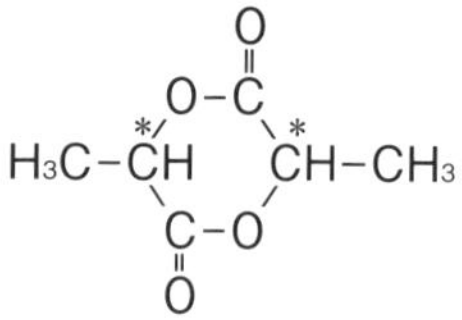

ここで，注意が必要です。**立体異性体を考えるときは，分子内の対称面（もしくは対称中心）の有無の確認をしてください**。対称面が存在するときは，立体異性体の中に同じものが隠れています。

　乳酸のラクチドには対称中心があります。中心を軸に 180 度回転させるとまったく同じものになります。よって，4 つの立体異性体の中に同じものが存在します。

　それでは，4 つの立体異性体のうち，どれとどれが同じものがどれかを考えてみましょう。

　正解は❶と❷です。❷を 180 度回転させると❶と同じであることがわかります。

　❶と❷のように，不斉炭素原子をもっているにもかかわらず，鏡像体が存在しない分子をメソ体といいます。

　ちなみに，❹を 180 度回転させても❸と同じものにはなりません。

　以上より，立体異性体の数は❶（❷），❸，❹の $\boxed{3}$ 種類となります。

分子内に対称面や対称中心をもつ分子の立体異性体に関しては，まとめを
しっかりと確認しておきましょう。

◆重要! 分子内に対称面や対称中心をもつ分子の立体異性体

　不斉炭素原子が n 個存在する分子には，通常，2^n 個の立体異性体が
存在する。

例　トレオニン

$$CH_3-\overset{\overset{H}{|}}{\underset{\underset{OH}{|}}{C^*}}-\overset{\overset{H}{|}}{\underset{\underset{NH_3}{|}}{C^*}}-COOH \qquad 2^2=\textbf{4 種類}$$

　しかし，分子内に対称面や対称中心が存在する場合は，考えられる立
体異性体の中に同じものが含まれる。

例　酒石酸

対称面

$$HOOC-\overset{\overset{H}{|}}{\underset{\underset{OH}{|}}{C^*}}\overset{|}{\underset{|}{}}\overset{\overset{H}{|}}{\underset{\underset{OH}{|}}{C^*}}-COOH \qquad 2^2-1=\textbf{3 種類}$$

　上記の❶～❹の中で❷を180度回転させると❶と同じになることがわ
かる。これをメソ体という。以上より，立体異性体は3種類である。
　❸と❹が鏡像体，そして，❶と❸のように鏡像体ではない鏡像異性体
をジアステレオマーという。

では次に，ビニロンに関する問題を確認していきましょう。

【ポリビニルアルコールの合成】

酢酸ビニル ⟶ ポリ酢酸ビニル ⟶

$$\left[\begin{array}{c}H\ H\\ -C-C-\\ H\ OH\\ H\end{array}\right]_n$$

ポリビニルアルコール

ビニロンは日本で開発された木綿に似た繊維です。吸湿性に優れ，強度もあることからロープや作業着に利用されています。

問題文にはビニロンの合成過程であるポリビニルアルコール（以下 PVA）の合成について与えられています。それも含め，ビニロンの合成過程をまとめておきましょう。

◆重要！ ビニロンの合成

$$n\,CH_2=CH \xrightarrow[\text{（ i ）}]{\text{付加重合}} \left[\begin{array}{c}CH_2-CH\\ |\\ OCOCH_3\end{array}\right]_n$$

酢酸ビニル　　　　　　　　　　　　　　ポリ酢酸ビニル

$$\xrightarrow[\text{（ ii ）}]{\text{けん化}} \left[\begin{array}{c}CH_2-CH\\ |\\ OH\end{array}\right]_n \xrightarrow[\text{（ iii ）}]{\text{アセタール化}} \cdots-CH_2-CH-CH_2-CH-CH_2-CH-\cdots$$

ポリビニルアルコール　　　　　　　　　　　　　　　　　　　　ビニロン
（PVA）

O−CH₂−O　　　　　　　OH

(i)　酢酸ビニルを付加重合 ➡ ポリ酢酸ビニルが生成
(ii)　酢酸ビニルを水酸化ナトリウムを用いてけん化
　　　➡ ポリビニルアルコール（**PVA**）が生成

$$\left[\begin{array}{c}CH_2-CH\\ |\\ O-C-CH_3\\ \|\\ O\end{array}\right]_n \xrightarrow[\text{けん化}]{\text{NaOH}} \left[\begin{array}{c}CH_2-CH\\ |\\ OH\end{array}\right]_n + n\,CH_3COONa$$

ポリ酢酸ビニル　　　　　　　　　　　　　　PVA

(iii) **PVA にホルムアルデヒドを加えて処理(アセタール化)**
　　➡ **ビニロンが得られる。**

　PVA は－OH が多く水溶性であるため，30～40％の－OH を無極性の
官能基(アセタール構造)に変化させ，水に不溶の繊維にしたものがビニ
ロンである。

　また，60～70％の－OH はそのまま残るため，ビニロンは吸湿性に優
れた繊維である。

それでは，ビニロンに関する **問4** を確認していきましょう。

> **問4** ポリビニルアルコール(PVA)を繊維化(紡糸)したあとにホルムア
> ルデヒド水溶液と反応させると，PVA のヒドロキシ基の一部が反応
> してビニロンが得られる。
> 　(1)　ホルムアルデヒドの性質と反応に関する(ア)～(オ)の記述の中で，正
> 　しいものはいくつあるか。

各選択肢の正誤を判断していきます。

> (ア)　ホルムアルデヒドは，催涙性をもち，刺激臭のある気体である。

　ホルムアルデヒドは刺激臭のある気体で，催涙性があります。➡ **正**

> (イ)　ホルムアルデヒドは，エタノールを酸化すると得られる。

　ホルムアルデヒドは C 原子数 1 のアルデヒドなので，C 原子数 1 のアル
コールであるメタノールを酸化すると得られます。➡ **誤**

> (ウ)　ホルムアルデヒドの環状の三量体は，ホルマリンとよばれる。

　ホルマリンとは，ホルムアルデヒドの水溶液のことです。ホルマリンは防
腐剤として使用されています。➡ **誤**

> (エ)　ホルムアルデヒドと PVA との反応は，アセタール化とよばれる。

　ホルムアルデヒドと PVA の反応はアセタール化といわれます。詳細はこ
のあと，確認していきます。➡ **正**

(ｵ)　ホルムアルデヒドとポリビニルアルコールとの反応は，縮合反応
　　である。

　アセタール化は，ホルムアルデヒドと PVA から水が脱離して結合する縮
合反応です。➡ **正**
　（正確には後述にあるように，付加と縮合の両方が起こる付加縮合ですが，
全体で見ると縮合反応と捉えることができます。）
　以上より，正しい選択肢は **D** の 3 つです。

問4
　(2)　重合度 2.0×10^3 のポリビニルアルコールをホルムアルデヒド水
　　溶液と反応させたところ，平均分子量 9.3×10^4 のビニロンが得ら
　　れた。このとき，ポリビニルアルコールのヒドロキシ基の何 % が
　　ホルムアルデヒドと反応したか。

　まず，アセタール化とは，以下のように PVA の −OH 基 2 つに対して 1
つの HCHO（ホルムアルデヒド）が反応し，H_2O が取れて無極性のアセター
ル構造（−O−CH_2−O−）に変化することです。

　正確には，PVA の −OH 基に HCHO が付加し，そのあと脱水縮合が起こ
っています。

　このように付加と縮合の両方が起こることを付加縮合といいます。

では，アセタール化で生じるビニロンの分子量をどのように表すことができるか考えましょう。

先ほど確認したとおり，アセタール化は PVA の$-OH$基 2 つに対して 1 つの HCHO が反応し，アセタール構造($-O-CH_2-O-$)に変化します。

$$2(-OH) \xrightarrow[\boxed{+12}]{1HCHO} 1(-O-CH_2-O-)$$

$$\Big\downarrow \text{2で割る}$$

$$1(-OH) \xrightarrow[\boxed{+6}]{\frac{1}{2}HCHO} \frac{1}{2}(-O-CH_2-O-)$$

このように，アセタール化が起こると，$-OH$基 1 個あたり，繰り返し単位の分子量が 6 増加することがわかります。

よって，**x 個の$-OH$基が反応すると，繰り返し単位の分子量は $6x$ 増加する**ことになります。

以上より，PVA の繰り返し単位に注目し，$-OH$ 1 個あたり x 個がアセタール化で反応すると，ビニロンの分子量は$(44+6x)n$と表すことができます。

$$1PVA \xrightarrow[\text{アセタール化}]{1か所中 x か所} 1 \text{ビニロン}$$

分子量 $44n$ 　　　　　　　　　　　分子量 $(44+6x)n$

本問では，重合度(n)が 2.0×10^3，ビニロンの分子量が 9.3×10^4 であったことから，以下の式が成立します。

$$(44+6x) \times 2.0 \times 10^3 = 9.3 \times 10^4 \qquad x = \mathbf{0.416}$$

$-OH$基 1 個あたり 0.416 個が反応したので，反応した$-OH$基は 41.6％と決まります。よって，最も近い選択肢は $\boxed{B}$ の 40％です。

PVA の$-OH$の 30〜40％をアセタール化したものがビニロンであるため，それに近い数値が正解となります。大きくはずれる数値になったときは立式と計算を見直しましょう。

問1

```
     H   O           H
     |   ‖           |
  H-C   C ─── O   C-H
     |  ╲     ╱    |
     H   C         C
     |  ╱ ╲       ‖
     H  O ─── C   H
     |         ‖
     H         O
```

問2 C

問3 D

問4 (1) D　　(2) B

Theme 18 ゴ ム

▶ 広島大学

［問題は別冊42ページ］

✦ イントロダクション ✦

この問題のチェックポイント

☑ ゴムに関する知識が頭に入っているか
☑ ゴムに関する計算問題の立式がスムーズにできるか

　ゴムに関する標準的な問題です。ゴム全般の知識，そして頻出の計算についてしっかりと確認していきましょう。

✦ 解 説 ✦

　問題文に従い，順に情報をチェックしていきましょう。

天然ゴム(生ゴム)

　ゴムノキの樹液から得られる (a) 天然ゴム(生ゴム)は，2-メチル-1,3-ブタジエン(イソプレン)が ア 重合したポリイソプレンの構造を有する。(b) 生ゴムに数％の硫黄を加えて加熱し弾性を向上させると，有用なゴム材料が得られる。

　天然ゴム(生ゴム)はイソプレンが 付加 **問1** ア重合してできるポリイソプレンの構造です。そのほとんどはシス形で，弾性をもつゴムです。トランス形は**グッタペルカ**とよばれる硬い樹脂です。

問2

$$\left[\begin{array}{c} CH_2 \\ \underset{H_3C}{}C=C\overset{CH_2}{\underset{H}{}} \end{array}\right]_n$$

シス形

$$\left[\begin{array}{c} CH_2 \\ \underset{H_3C}{}C=C\overset{H}{\underset{CH_2}{}} \end{array}\right]_n$$

トランス形

　天然ゴム(生ゴム)は分子の対称性が低く結晶化しにくいため，弾性が弱く，耐久性も不十分です。そのため，加硫 **問3** 名称(3～5％の硫黄を加えて加熱する操作)を行います。

　加硫を行うと，硫黄がポリイソプレン間に架橋構造を形成するため **問3** 理由

弾性や強度の増したゴムに変化します。そして，加硫を行ったゴムを加硫ゴムといいます。

$$-C=C- \qquad \xrightarrow[\text{加熱}]{S} \qquad \begin{matrix} | & | \\ -C-C- \\ | \\ S \\ | \\ -C-C- \\ | \end{matrix} \Longleftarrow \boxed{\text{架橋構造}}$$

加硫の操作で，硫黄の割合を 30〜40％ にすると架橋構造が過剰になり，弾性のない硬い樹脂に変化します。この樹脂を**エボナイト**といいます。

◆重要！ 天然ゴム（生ゴム）

- ポリイソプレンの構造をもつ。
- 弾性があるのはシス形。
- 加硫（3〜5％の硫黄を加えて加熱する操作）を行うと，弾性や強度が増した加硫ゴムに変化する。

ここで，天然ゴム（生ゴム）であるポリイソプレンや，それに類似した合成ゴムについても確認しておきましょう。

◆重要！ 合成ゴム（ジエン系）

ジエン（C＝C を 2 つもつ炭化水素）の付加重合により合成される。

$$n\overset{1}{C}H_2=\overset{2}{\underset{\underset{X}{|}}{C}}-\overset{3}{C}H=\overset{4}{C}H_2 \xrightarrow[\text{1,4 付加}]{\text{付加重合}} \left[\overset{1}{C}H_2-\overset{2}{\underset{\underset{X}{|}}{C}}=\overset{3}{C}H-\overset{4}{C}H_2 \right]_n$$

$$-X \begin{cases} CH_3 ： ポリイソプレン \\ -H ： ポリブタジエン \\ -Cl ： ポリクロロプレン \end{cases}$$

ジエンの付加は 1,4 付加が最も起こりやすい。
また，1,4 付加による生成物にはシス形とトランス形がある。

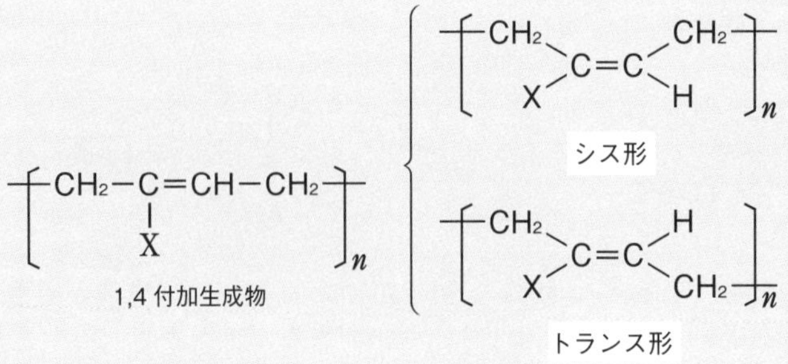

シス形

トランス形

1,4 付加生成物

それでは，問題文の続きを確認しましょう。

合成ゴム（共重合系）

　　最も生産量の多い合成ゴムは，スチレンと 1,3-ブタジエンとの
　　　イ　　重合により得られるスチレン-ブタジエンゴム（SBR）である。
(c) アクリロニトリルと 1,3-ブタジエンとの　　イ　　重合により得られ
るアクリロニトリル-ブタジエンゴム（NBR）は，耐油性に優れた合成ゴ
ムとして工業用品・自動車部品に使用されている。(d) NBR 中のブタジ
エンに由来する炭素-炭素二重結合を水素化すると耐熱性・耐候性に優
れた合成ゴムが得られる。

　1,3-ブタジエンとビニル化合物の**共重合** 問1 イ（モノマーが 2 種類以上の
付加重合）により合成される共重合系合成ゴムについてです。

　本問でも登場している 2 つの共重合系合成ゴムをまとめておきましょう。

◆**重要!** 合成ゴム（共重合系）の種類

● **スチレン-ブタジエンゴム（SBR）**

　　ブタジエンとスチレンを共重合させて合成する。強度に優れたゴム。

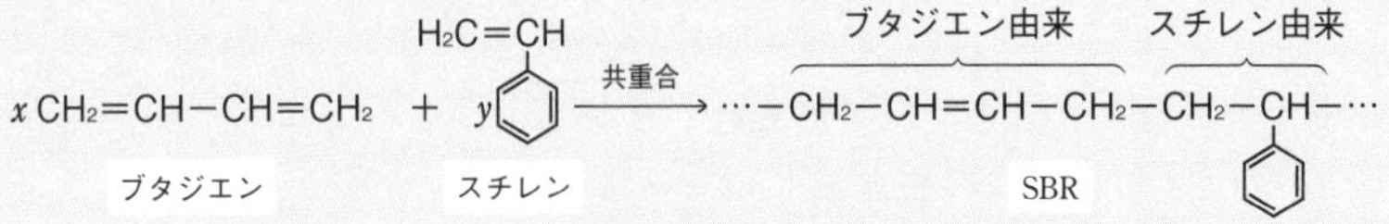

　　自動車のタイヤ（スチレン 25％程度）などに利用。

● アクリロニトリル‑ブタジエンゴム（**NBR**）

ブタジエンとアクリロニトリルを共重合させて合成する。耐油性に
優れたゴム。

$$x\ CH_2=CH-CH=CH_2 \ + \ y\ CH_2=CH \xrightarrow{\text{共重合}} \cdots -CH_2-CH=CH-CH_2--CH_2-CH-\cdots$$

（ブタジエン）　　　　（アクリロニトリル　CN）

ブタジエン由来

アクリロニトリル由来

NBR

石油のホースなどに利用。

また，共重合系合成ゴムでは計算問題が出題されます。計算の種類とポイ
ントを確認しておきましょう。

◆**重要!** 合成ゴム（共重合系）の計算① 　N 含有率の計算

NBR 中の N 原子はアクリロニトリル由来であるため，

「**NBR 中の N 原子の mol＝アクリロニトリルの mol**」

が成立する。

これより，N 含有率は以下のように表すことができる。

$$N\ 含有率〔\%〕＝\frac{N\ の原子量の和}{NBR\ の分子量}＝\frac{アクリロニトリルの物質量〔mol〕×14}{NBR\ の分子量}$$

それでは N 含有率を使った計算問題である **問4** を確認しましょう。

問4 質量で 14.00 % の窒素を含有する NBR 100.0 g を合成するために
必要なアクリロニトリルと 1,3‑ブタジエンの物質量〔mol〕を有効数
字 3 桁で求めよ。

NBR を構成する 1,3‑ブタジエン（以下，ブタジエン）とアクリロニトリル
の物質量をそれぞれ x〔mol〕，y〔mol〕として立式していきます。

$$x\ CH_2=CH-CH=CH_2 \ + \ y\ CH_2=CH \xrightarrow{\text{共重合}} 1\ NBR$$

（分子量 54）　　　　　　　　　　　CN

（分子量 53）

（N 原子：y〔mol〕）⇒14.00 %
100.0 g

NBRに含まれるN原子（原子量14）は，

$$100.0 \times \frac{14}{100} = 14 \text{ g} \qquad \text{物質量にすると，} \frac{14}{14} = 1 \text{ mol}$$

「NBR中のN原子のmol＝アクリロニトリルのmol」より，アクリロニトリルの物質量も1 molとなります。

よって，$y = \boxed{1.00 \text{〔mol〕}}$ アクリロニトリル

また，ブタジエンx〔mol〕とアクリロニトリルy〔mol〕から合成したNBRが100.0 gであったことから，次の式が成立します。

$$54x + 53y = 100.0$$

この式に$y = 1.00$を代入すると，xが決まります。

$$54x + 53 \times 1.00 = 100.0 \qquad x = 0.8703 \Rightarrow \boxed{0.870 \text{〔mol〕}} \text{ 1,3-ブタジエン}$$

◆**重要！** 合成ゴム（共重合系）の計算② 付加計算

● **共重合系ゴムに何かを付加させる計算問題**

「共重合系ゴムのもつC＝C結合の数が共重合したブタジエンの数と一致する」ことが最大のポイントとなる。

例 SBR

$$C=C-C=C \ + \ \underset{\bigcirc}{C=C} \ \xrightarrow{\text{共重合}} \ -C-C=C-C-C-C-$$

すなわち次の関係が成立する。

「**（SBRのmol）：（付加するH₂やBr₂のmol）＝1：ブタジエンの数**」

それでは，付加計算の **問5** を確認してみましょう。

> **問5** **問4** のNBR 100.0 gに含まれる炭素−炭素二重結合を完全に水素化するために必要な水素分子（H_2）の標準状態（0℃，1.013×10^5 Pa）における体積〔L〕を有効数字3桁で求めよ。

問4 より，ブタジエンの物質量は0.8703 molであり，「共重合系ゴムのもつC＝C結合の数が共重合したブタジエンの数と一致する」ことから，NBR中のC＝C結合も0.8703 molである。

よって，水素化に必要な H_2 も 0.8703 mol であり，標準状態における体積は以下のように表すことができる。

　　　$0.8703 \times 22.4 = 19.49$　　$\boxed{19.5 \text{ (L)}}$

解答

問1　ア　付加　　イ　共

問2

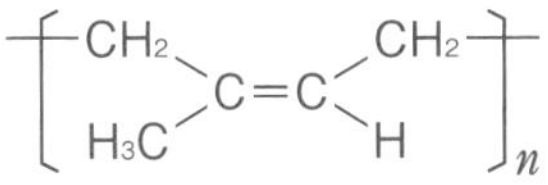

問3　操作の名称：加硫

　　　理由：硫黄がポリイソプレン間に架橋構造を形成するため。（24字）

問4　アクリロニトリル：**1.00 (mol)**

　　　1,3-ブタジエン：**0.870 (mol)**

問5　**19.5 (L)**

Theme 19 イオン交換樹脂

▶ 上智大学 (理工学部)

[問題は別冊44ページ]

イントロダクション

この問題のチェックポイント

☑ イオン交換樹脂に関する知識があるか
☑ イオン交換樹脂の計算問題の立式がスムーズにできるか

　イオン交換樹脂に関する問題です。陽イオン交換樹脂はアミノ酸の分離でも出題されます。しっかりと知識を確認しておきましょう。また,定番の計算問題に対応できるよう,練習しておきましょう。

解説

　問題文に従い,順に情報をチェックしていきましょう。

イオン交換樹脂の合成

　スチレンに少量の p-ジビニルベンゼンを加えて,　K　重合により共重合させると,ポリスチレン鎖が架橋され,三次元的な網目構造の高分子ができる。これに,スルホ基 $-SO_3H$ を導入したものを,　A　イオン交換樹脂という。また,アルキルアンモニウム基 $-N^+R_3$ を導入したものを,　B　イオン交換樹脂という。

　スチレンと p-ジビニルベンゼン(約 10%)を共重合(モノマーが2種類以上の 付加 問2 K 重合)させると,ベンゼン環をもつ網目状の高分子が得られます。この高分子のベンゼン環に,置換反応で官能基 $-X$ を導入するとイオン交換樹脂が得られます(<u>p-ジビニルベンゼンは架橋構造をつくるために加えています</u>)。

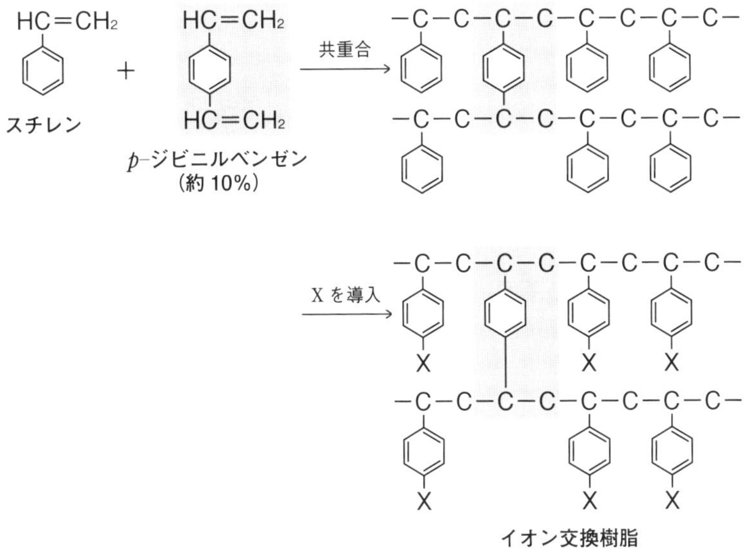

```
HC=CH₂        HC=CH₂
 │            │
 [ベンゼン環]   [ベンゼン環]          共重合
              │            ─────→
     +        HC=CH₂
スチレン    p-ジビニルベンゼン
           （約10%）
```

イオン交換樹脂

導入する官能基－X

−SO₃H（または−COOH）── **陽** [問1] A イオン交換樹脂

−CH₂N⁺(CH₃)₃OH⁻ ── **陰** [問1] B イオン交換樹脂

それでは，イオン交換樹脂の機能や利用について確認していきましょう。

> **イオン交換樹脂の機能と利用**
>
> 　塩化ナトリウム水溶液を　 C 　イオン交換樹脂に通すと，溶液中のナトリウムイオンとイオン交換樹脂中の　 L 　イオンが交換して，流れてくる溶液は　 M 　になる。次に，この溶液を　 D 　イオン交換樹脂に通すと純水が得られる。イオン交換樹脂がイオンを交換する反応は，いずれも　 N 　反応である。　 E 　イオン交換樹脂の機能が低下した場合，多量の酸を流すと，その機能はもとに戻る。この操作をイオン交換樹脂の　 O 　という。

イオン交換樹脂に電解質水溶液を流し込むと，樹脂のイオンと水溶液中の同符号のイオンが入れ替わります。

テーマ
19
イオン交換樹脂

171

● 陽イオン交換樹脂

陽 [問1 C] イオン交換樹脂($-SO_3H$)
に NaCl 水溶液を流し込むと，樹脂
の 水素 [問2 L] イオン H^+ と水溶液中
のナトリウムイオン Na^+ が交換され，
塩酸（酸性 [問2 M]）が流出します。

$$R-SO_3H + NaCl$$
$$\rightleftarrows R-SO_3Na + HCl$$

この反応は 可逆 [問2 N] であるた
め，使用後の 陽 [問1 E] イオン交換樹
脂に希塩酸などを流し込むと，元の
状態に 再生 [問2 O] することができま
す。

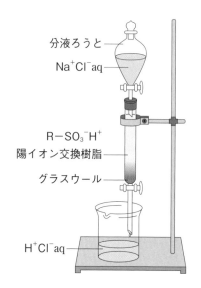

分液ろうと
Na^+Cl^-aq

$R-SO_3^-H^+$
陽イオン交換樹脂
グラスウール

H^+Cl^-aq

● 陰イオン交換樹脂

陰イオン交換樹脂（$R-CH_2N^+(CH_3)_3OH^-$）に NaCl 水溶液を流し込むと，
樹脂の水酸化物イオン OH^- と水溶
液中の塩化物イオン Cl^- が交換され，
NaOH 水溶液が流出します。

$R-CH_2N^+(CH_3)_3OH^- + NaCl$
$\rightleftarrows R-CH_2N^+(CH_3)_3Cl^- + NaOH$

陽イオン交換樹脂と同様に，この
反応は可逆であるため，使用後の陰
イオン交換樹脂に NaOH 水溶液な
どを流し込むと，元の状態に再生す
ることができます。

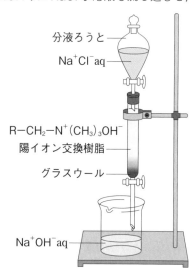

分液ろうと
Na^+Cl^-aq

$R-CH_2-N^+(CH_3)_3OH^-$
陽イオン交換樹脂
グラスウール

Na^+OH^-aq

イオン交換樹脂の利用には、次のようなものがあります。

• 純水の製造

　NaCl 水溶液を陽イオン交換樹脂と $\boxed{\text{陰イオン}}$ [問1] D 交換樹脂に通じると、水道水中の陽イオンは H^+ に、陰イオンは OH^- に換わるため、純水が得られます。

　このような純水を**脱イオン水（イオン交換水）**といいます。

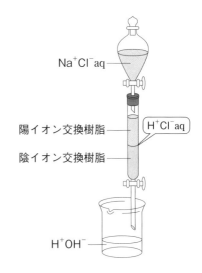

Na⁺Cl⁻aq

陽イオン交換樹脂 —— ┤H⁺Cl⁻aq├

陰イオン交換樹脂

H⁺OH⁻

• そ の 他

　アミノ酸の分離（➡ $\boxed{\text{テーマ12}}$ の p.120），廃水などに含まれる有害金属イオンの処理などがあります。

◆**重要!** イオン交換樹脂

　スチレンと p -ジビニルベンゼンからなる共重合体のベンゼンを X 置換すると得られる。

• **陽イオン交換樹脂**（-X：-SO₃H または-COOH）
$$R-SO_3H + NaCl \rightleftharpoons R-SO_3Na + HCl$$
使用後、酸の水溶液を流し込むと再生できる。

• **陰イオン交換樹脂**（-X：-CH₂N⁺(CH₃)₃OH⁻）
$$R-CH_2N^+(CH_3)_3OH^- + NaCl \rightleftharpoons R-CH_2N^+(CH_3)_3Cl^- + NaOH$$
使用後、塩基の水溶液を流し込むと再生できる。
　海水などを陽イオン交換樹脂と陰イオン交換樹脂に通じると、脱イオン水が得られる。

それでは，イオン交換樹脂の計算問題を確認していきましょう。

> **問3** スチレン 52 g に物質量比が 13：1（スチレン：p-ジビニルベンゼ
> ン）になるように p-ジビニルベンゼンを混合し，共重合して高分子化
> 合物 X を得た。これを濃硫酸でスルホン化すると，高分子化合物 X
> 中にあるスチレン由来のベンゼン環のパラ位だけがすべてスルホン
> 化されたイオン交換樹脂 Y が得られた。イオン交換樹脂 Y は，最大
> で何 g 得られるか。

まず，それぞれ物質の情報をまとめましょう。

- **スチレン（分子量 104）**

  質量：52〔g〕

  物質量：$\dfrac{52}{104}=0.50$〔mol〕

- **p-ジビニルベンゼン（分子量 130）**

  質量：$0.50 \times \dfrac{1}{13} \times 130 = 5.0$〔g〕

- **高分子化合物 X**

  質量：$52 + 5.0 = 57$〔g〕

次に，スルホン化について考えましょう。

問題文より，スチレン由来のベンゼン環のパラ位をスルホン化するとある
ため，スルホン化により，スチレン由来の繰り返し単位の分子量が 80（SO_3
の式量に相当する分）増加します。

$$\boxed{スルホン化} \quad -H \xrightarrow[(+80)]{+SO_3} -SO_3H$$

以上より，次のように情報をまとめることができます。

- スルホン化後のスチレン由来の部分（分子量 $104+80=184$）

  質量：$184 \times 0.50 = 92$〔g〕

- 高分子化合物 Y

  質量：$92 + 5.0 = \boxed{\mathbf{97}〔\mathbf{g}〕}$

問4 イオン交換樹脂 Z を 1.0 g はかりとり，カラムにつめた。これに，十分な量の塩化ナトリウム水溶液を流し，完全にイオン交換した。流出したすべての溶液を 0.10 mol/L の水酸化ナトリウム水溶液で滴定したところ，中和点までに加えた水酸化ナトリウム水溶液の体積は 20 mL であった。カルシウムイオン 200 mg を含む水溶液 1.0 L 中のすべてのカルシウムイオンをイオン交換するには，イオン交換樹脂 Z が少なくとも何 g 必要か。有効数字 2 桁で答えよ。

前半の情報から整理していきましょう。

イオン交換樹脂 Z 1.0 g（$-SO_3H$ を x〔mol〕含むとする）に，十分量の NaCl aq を流し込むと，すべての $-SO_3H$ がイオン交換されて塩酸（x〔mol〕分）が流出します。

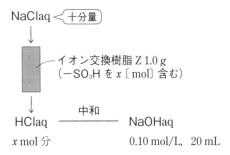

この塩酸（x〔mol〕分）を中和するために必要だった 0.10 mol/L の NaOH aq が 20 mL であったことから，次のような中和の量的関係の式が成立します。

$$x \times 1 = 0.10 \times \frac{20}{1000} \times 1 \qquad x\,〔mol〕 = \bm{2.0 \times 10^{-3}}\,〔\bm{mol}〕$$

以上より，「イオン交換樹脂 Z は 1.0 g あたり $-SO_3H$ を 2.0×10^{-3} mol（2.0 mmol）含む」ことがわかります。

では，後半の情報を確認しましょう。

- Ca^{2+}（式量 40）：200 mg すなわち $\dfrac{200}{40} = 5$ mmol　（◀すべてイオン交換する）

- 必要な H^+（$-SO_3H$）：Ca^{2+} の 2 倍 → 10 mmol　（◀ H^+ は 1 価，Ca^{2+} は 2 価）

イオン交換樹脂 Z は 1.0 g あたり $-SO_3H$ を 2.0 mmol 含んでいるので，10 mmol 分の $-SO_3H$ を含むイオン交換樹脂 Z は **5.0〔g〕** となります。

テーマ
19
イオン交換樹脂

解答

問1 A ⊕   B ⊖   C ⊕   D ⊖   E ⊕
問2 K (p)   L (k)   M (g)   N (c)   O (e)
問3 97〔g〕
問4 5.0〔g〕

　最後に，本問では扱っていませんがイオン交換樹脂のような機能性高分子化合物についてまとめておきましょう。

◆重要! 機能性高分子

● 生分解性高分子 （➡ テーマ17 の p.156）
　　自然界で微生物などによって分解される高分子を生分解性高分子という。

● 高吸水性高分子
　　多量の水を吸収する高分子。紙オムツや土壌の保水剤として利用されている。

　例　ポリアクリル酸ナトリウム

$$n \ CH_2=CH \longrightarrow \left[CH_2-CH \right]_n$$
$$| \qquad\qquad\qquad\qquad |$$
$$COONa \qquad\qquad COONa$$

アクリル酸ナトリウム　　　　　ポリアクリル酸ナトリウム

　水が加わると−COONa が電離して−COO⁻となり，−COO⁻どうしの電気的反発により樹脂が膨張。その隙間に水が入り込む。また，樹脂の外側に比べ，内側はイオン濃度が高いため，浸透圧により水が吸収されていく。

```
      ···−C−C−···
           |
  H₂O     COO⁻
      ⤳
          COO⁻
           |
      ···−C−C−···
```

● 感光性高分子

　紫外線などの光により構造が変化する高分子。

　例　PVA の −OH にケイ皮酸をエステル結合させた高分子

　紫外線を当てるとケイ皮酸の C＝C 結合どうしが環状構造をつくり、立体網目状に変化する。

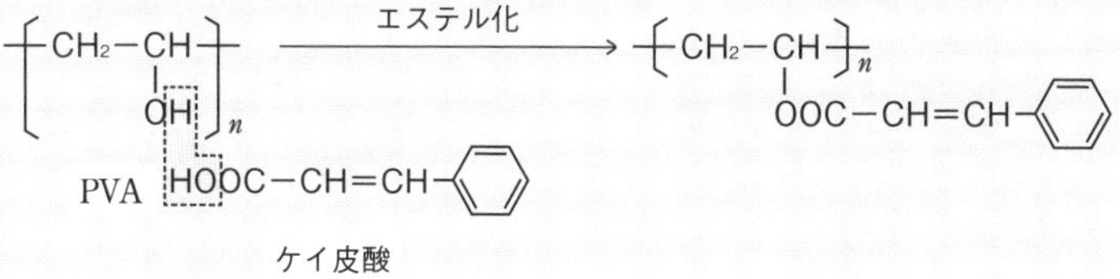

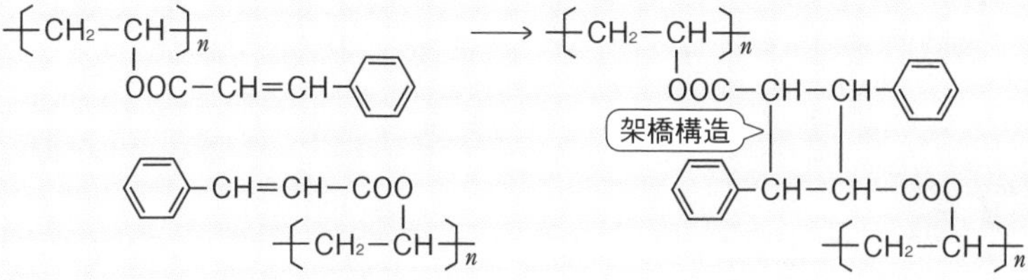

$$\{CH_2-CH\}_n \xrightarrow{\text{エステル化}} \{CH_2-CH\}_n$$

PVA　HOOC−CH=CH−◯

ケイ皮酸

（架橋構造）

　紫外線があたり、立体網目状になった部分のみ溶媒に溶けにくくなるため、溶媒で洗ったときに凸版になる。プリント配線や印刷などに利用。

● 導電性高分子

　導電性をもつ高分子。

　例　ポリアセチレン

　アセチレンを特殊な触媒を用いて重合させるとポリアセチレンが得られる。

$$nH-C\equiv C-H \xrightarrow[\text{触媒}]{\text{付加重合}} \{CH=CH\}_n$$

アセチレン　　　　　　　　ポリアセチレン

　ポリアセチレンはベンゼンのように共役二重結合[※]をもつため、π 結合の電子は広い空間を動き回ることができ、導電性を示す。

※単結合をはさんだ二重結合（−C＝C−C＝C−）

　ポリアセチレンはすべての結合が共役二重結合となる。

…−C＝C−C＝C−C＝C−C＝C−C＝C−C＝C−C＝C−C＝C−…

Theme
20.

縮合重合系合成高分子

▶ 立命館大学

本番で取りたい
正解数

15 / 16 題

[問題は別冊46ページ]

イントロダクション

この問題のチェックポイント

☑ 代表的な合成高分子のモノマー，合成方法が答えられるか
☑ 合成高分子に関する計算問題の立式がスムーズにできるか

　合成高分子（天然高分子も含む）の総合問題です。代表的な合成高分子に関する知識を固め，計算問題にもスムーズに対応できるよう，本問を通じて練習しましょう。

解説

　問題文に従い，順に情報をチェックしていきましょう。

天然繊維（動物性繊維）

　羊毛や絹は，多数の α-アミノ酸が　**ア**　結合で連なったタンパク質を主成分とする高分子化合物である。羊毛は　**イ**　とよばれるタンパク質からなり，システインという α-アミノ酸を比較的多く含むため，システインどうしの　**ウ**　結合によって網目状に結ばれている。また，絹はフィブロインとよばれるタンパク質からなり，(a) グリシン，アラニン，セリンなどの α-アミノ酸を比較的多く含んでいる。

　羊毛や絹のような動物性繊維は，α-アミノ酸が **ペプチド（アミド）** [問1] ア結合で連なったタンパク質を主成分とする高分子化合物です。羊毛は **ケラチン** [問2] イとよばれるタンパク質からなり，システインを多く含んでいるため，**ジスルフィド** [問1] ウ結合によって網目状に結ばれています。ジスルフィド結合は共有結合であるため，ジスルフィド結合の多いケラチンは強度に優れた繊維です（　**ア**　はペプチド結合のほうが適切と考えられます）。

それでは，下線部(a)に関する **問5** を確認してみましょう。

問5

(1) セリンの示性式は $HOCH_2-CH(NH_2)-COOH$ で表される。セリンに関する記述として**誤っているもの**を下の選択肢から1つ選べ。

① 1対の鏡像異性体が存在する。

② 水には溶けにくいがエーテルにはよく溶ける。

③ メタノールと反応してエステルになる。

④ 無水酢酸と反応してエステルになる。

⑤ 無水酢酸と反応してアミドになる。

---

① セリンには不斉炭素原子が1つあるため，1対の鏡像異性体が存在します。

② α-アミノ酸は水に溶解し，電離平衡の状態になります。**➡ 誤**

$$\begin{array}{ccc}
CH_2OH & CH_2OH & CH_2OH \\
| & | & | \\
H-C-COOH & \rightleftharpoons \quad H-C-COO^- & \rightleftharpoons \quad H-C-COO^- \\
| & | & | \\
NH_3^+ & NH_3^+ & NH_2
\end{array}$$

③ カルボキシ基をもつため，アルコールであるメタノールとエステル化を起こします。

$$\begin{array}{c}
CH_2OH \\
| \\
H-C-COOH \quad + \quad CH_3OH \quad \xrightarrow{\text{エステル化}} \quad
\end{array}
\begin{array}{c}
CH_2OH \\
| \\
H-C-COOCH_3 \quad + \quad H_2O \\
|
\end{array}$$
$$NH_2 \qquad\qquad\qquad\qquad\qquad\qquad\qquad NH_2$$

④ 側鎖にヒドロキシ基をもつため，無水酢酸とエステル化を起こします。

$$\begin{array}{c}
CH_2OH \\
| \\
H-C-COOH \quad + \quad (CH_3CO)_2O \quad \xrightarrow{\text{エステル化}} \quad
\end{array}
\begin{array}{c}
CH_2OCOCH_3 \\
| \\
H-C-COOH \quad + \quad CH_3COOH \\
|
\end{array}$$
$$NH_2 \qquad\qquad\qquad\qquad\qquad\qquad\qquad\qquad NH_2$$

⑤ アミノ基をもつため，無水酢酸と反応してアミドに変化します。

$$\begin{array}{c}
CH_2OH \\
| \\
H-C-COOH \quad + \quad (CH_3CO)_2O \quad \xrightarrow{\text{アミド化}} \quad
\end{array}
\begin{array}{c}
CH_2OH \\
| \\
H-C-COOH \quad + \quad CH_3COOH \\
|
\end{array}$$
$$NH_2 \qquad\qquad\qquad\qquad\qquad\qquad\qquad NHCOCH_3$$

以上より，正解は ② です。

テーマ
20
縮合重合系合成高分子

問5

(2) グリシン，アラニン，セリンの3種類からなるトリペプチドには
　構造異性体が何種類考えられるか。

　構造異性体とあるため，並び方が何種類あるかのみを考えましょう。

　3つの α-アミノ酸の並び方なので，3！＝6種類となります。よって正解
は ② です。

　ちなみに，立体異性体も考慮する場合は，アラニンとセリンの2つが不斉
炭素原子をもつため，$6 \times 2^2 = 24$ 種類となります。

天然繊維（植物性繊維）

　一方，木綿や麻は，多数の β-グルコース単位が｜　**エ**　｜結合で連な
ったセルロースからなる高分子化合物である。セルロースはヒドロキシ
基を多数もつため吸湿性に優れている。セルロースに無水酢酸を作用さ
せて｜　**オ**　｜基を導入すると，｜　**カ**　｜とよばれる繊維になる。この
ように，天然繊維の官能基の一部を化学変化させて得られる繊維が半合
成繊維である。

　木綿や麻のような植物性繊維は，β-グルコースが グリコシド（エーテル）　問1 エ
結合で連なったセルロースを主成分とする高分子化合物です。セルロースは
ヒドロキシ基を多数もつため，吸湿性に優れた繊維です。

　セルロースに無水酢酸を作用させて アセチル　問2 オ 基を導入すると，
アセテート　問2 カ とよばれる繊維になります。このように天然繊維の官能基
の一部を化学変化させて得られる繊維が半合成繊維です。

　セルロースに化学的な操作を行ってできる2つの繊維についてまとめてお
きましょう。

◆重要！ 再生繊維（レーヨン）

　　木材のような繊維の短いセルロースを溶媒に溶かし，長い繊維に再生
　させたもの。
　　長さが変わるだけで，セルロースの構造自体は変化していない。

- ● <u>銅アンモニアレーヨン（キュプラ）</u>

　　セルロースをシュバイツァー試薬に溶解させ，この溶液を細孔（注射器など）から希硫酸の中に押し出すとセルロースが再生する。

$$\text{セルロース} \xrightarrow{\text{シュバイツァー試薬}} \text{溶液} \xrightarrow{\text{希 } H_2SO_4aq} \text{銅アンモニアレーヨン}$$

- ● <u>ビスコースレーヨン</u>

　　セルロースを濃水酸化ナトリウム水溶液で処理し（アルカリセルロース），二硫化炭素 CS_2 を加え（セルロースキサントゲン酸ナトリウム），希水酸化ナトリウム水溶液に溶解させるとビスコースとよばれるコロイド溶液になる。この溶液を細孔（注射器など）から希硫酸の中に押し出すとセルロースが再生する。

　　また，ビスコースをスリットから希硫酸の中に押し出すと，膜状の再生繊維セロハンになる。

$$\text{セルロース} \xrightarrow{\text{濃 NaOHaq}} \begin{array}{c}\text{アルカリ}\\\text{セルロース}\end{array} \xrightarrow{CS_2} \begin{array}{c}\text{セルロースキサントゲン酸}\\\text{ナトリウム}\end{array}$$

$$\xrightarrow{\text{希 NaOHaq}} \text{ビスコース} \xrightarrow{H_2SO_4aq} \text{ビスコースレーヨン}$$

◆重要！ 半合成繊維

　　化学反応により，セルロースの $-OH$ 基を極性の小さい官能基に変化させ，有機溶媒に溶解させてつくる繊維。

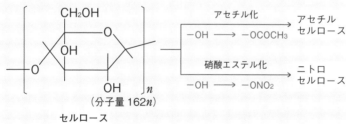

- ● <u>アセチルセルロース</u>

　　セルロースを完全にアセチル化したものがトリアセチルセルロースである。

$$[C_6H_7O_2(OH)_3]_n + 3n \, (CH_3CO)O \longrightarrow [C_6H_7O_2(OCOCH_3)_3]_n + 3n \, CH_3COOH$$

セルロース　　　　無水酢酸　　　　　　　トリアセチルセルロース

トリアセチルセルロースはほぼ無極性であり，四塩化炭素のような無極性の溶媒にしか溶解しない。そこで，アセチル基の一部を加水分解して－OH基に戻し，極性をもたせるとアセトンに溶解する。この溶液を細孔から押し出し，温風でアセトンを蒸発させたものがアセテート繊維である。

● ニトロセルロース

セルロースを完全に硝酸エステル化したものがトリニトロセルロースである。

$$[C_6H_7O_2(OH)_3]_n + 3n\ HNO_3 \longrightarrow [C_6H_7O_2(ONO_2)_3]_n + 3n\ H_2O$$
セルロース　　　　　　　　　　　　　　トリニトロセルロース

トリニトロセルロースは燃焼速度が非常に大きく，点火すると爆発する。よって，無煙火薬の原料に用いられる。

また，一部を加水分解したジニトロセルロースは，エーテルとエタノールの混合溶液に溶解し，これをコロジオンという。コロジオンの溶媒を蒸発させて膜状にしたものが半透膜である。

それでは，合成繊維の内容に入っていきましょう。

合成繊維①（アクリル繊維）
アクリル繊維の主成分は，アセチレンと (b) シアン化水素から合成した キ とよばれる単量体を重合してつくられる高分子化合物であり，羊毛に似た肌触りをもっている。

アセチレンにシアン化水素を付加させて合成されるのが アクリロニトリル 問3 キ です。

そして，アクリロニトリルを付加重合させて得られるポリアクリロニトリルを主成分とする合成繊維を，アクリル繊維といいます。

$$n\ CH_2{=}CH \xrightarrow{\text{付加重合}} {+}CH_2{-}CH{+}_n$$
　　　　｜　　　　　　　　　　　　　｜
　　　　CN　　　　　　　　　　　　CN

アクリロニトリル　　　　　　ポリアクリロニトリル

ちなみに，このときアクリロニトリルに酢酸ビニルやアクリル酸メチルを混ぜて共重合させることが多く，アクリロニトリルの含有率が低いものはア

クリル系繊維と分類されます。

　それではアクリル繊維に関する **問6** を確認しましょう。

> **問6** 下線部(b)のシアン化水素の電子式を，解答例にならって記せ。

　シアン化水素の化学式 HCN の配列どおりに電子式をつくると問題なくつくることができます。

$$HCN \longrightarrow H-C\equiv N \implies \boxed{H:C::N}$$

合成繊維②（ナイロン）

　(c)ナイロン66は，アジピン酸とヘキサメチレンジアミンを重合させてつくられる。また，(d)ナイロン6は ε-カプロラクタム $C_6H_{11}ON$ に少量の水を加えて　**ク**　重合させて得られる。

　モノマーどうしが縮合重合によってアミド結合で結びついてできる，分子内に多数のアミド結合をもつ高分子をナイロン（ポリアミド）といいます。

　絹や羊毛などの動物性繊維（タンパク質）をもとに合成された繊維で，分子間に水素結合を形成するため強度が大きく，シワになりにくい性質をもちます。

　代表的なナイロンの１つが，アジピン酸とヘキサメチレンジアミンを重合させて合成されるナイロン66です。

$$n\ \overline{HO|}OC-(CH_2)_4-CO\underline{OH} \ + \ n\ H_2N-(CH_2)_6-N\overline{H}_2$$

アジピン酸　　　　　　　**ヘキサメチレンジアミン**

$$\xrightarrow{\text{縮合重合}} HO-\left[C-(CH_2)_4-C-N-(CH_2)_6-N-H\right]_n + (2n-1)H_2O$$
（C=O, C=O, N-H, N-H）

ナイロン66

　ちなみに，ナイロン66を実験室でつくるときには，アジピン酸のかわりに，反応性の大きいアジピン酸ジクロリド $ClOC-(CH_2)_4-COCl$ を使います。

　そして，もう１つの代表的なナイロンが，ε-カプロラクタムの **開環** **問4** **ク** 重合によって得られるナイロン6です。

テーマ
20
縮合重合系合成高分子

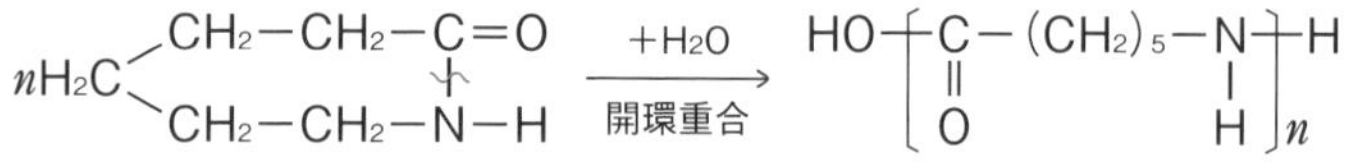

ε-カプロラクタム

ナイロン6

これらナイロンのモノマーと重合の種類は即答できるようになっておきましょう。

それでは，ナイロンに関する問題 **問7**，**問8** を確認してみましょう。

> **問7** 下線部(c)について，ナイロン66の原料であるアジピン酸は，フェノールを高温・高圧下でニッケルなどの触媒を用いて水素と完全に反応させて化合物Xとし，これを適当な酸化剤で酸化してつくられている。このXの化合物名を化合物命名法に基づいて記せ。

一見，知らない反応のように思えますが，問われているのは十分解答できる内容です。また，それ以外の部分についても，出発点（フェノール）と到達点（アジピン酸），そして流れを与えられているため，落ち着いて考えると対応できるでしょう。

それでは与えられた流れのとおり，確認していきましょう。

・**フェノールを水素化**

フェノールを水素化すると（水素化できる場所はベンゼン環しかない），シクロヘキサンのアルコール，すなわち シクロヘキサノール X になります。

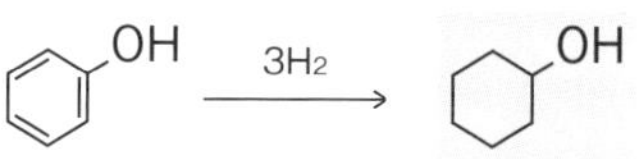

化合物X

・**Xを適当な酸化剤で酸化**

まず，通常のアルコールの酸化が思い浮かびます。第二級アルコールを酸化してケトンにしましょう。

しかし，これだけではアジピン酸にはなっていません。上記のケトンをア

ジピン酸にするには酸化開裂が必要になります（わからなくても，無理やり
アジピン酸にすることは可能）。

$$\text{（シクロヘキサノン）} \xrightarrow{\text{酸化開裂}} \text{HOOC}-(CH_2)_4-\text{COOH}$$

アジピン酸

このように，ヒントを読み取ることで対応できるため，一見知らない内容
が出題されても落ち着いて対応しましょう。

問8 下線部**(d)**のナイロン6について，ナイロン6を完全に加水分解
して得られる化合物Yは，塩酸にも水酸化ナトリウムにも溶ける。
塩酸に溶けたときの溶液中におけるYのイオン式を，解答例になら
って記せ。

ナイロン6を完全に加水分解して得られるのは，以下のような化合物Y
（ε-アミノカプロン酸）です。

$$\text{HO} \left[\begin{array}{c} \text{C}-(CH_2)_5-\text{N} \\ \| \qquad\quad | \\ \text{O} \qquad\quad \text{H} \end{array} \text{H} \right]_n \xrightarrow{\text{加水分解}} n\ \text{HOOC}-(CH_2)_5-\text{NH}_2$$

化合物Y

化合物Yは酸性の$-$COOHと塩基性の$-$NH$_2$の両方をもつため，塩基と
も酸とも反応します。

● 塩酸（酸）との反応
　塩基性の$-$NH$_2$が中和反応

$$\text{HOOC}-(CH_2)_5-\text{NH}_2 + \text{HCl} \longrightarrow \boxed{\text{HOOC}-(CH_2)_5-\text{NH}_3^+} + \text{Cl}^-$$
　　　化合物Y

● 水酸化ナトリウム（塩基）との反応
　酸性の$-$COOHが中和反応

$$\text{HOOC}-(CH_2)_5-\text{NH}_2 + \text{NaOH} \longrightarrow {}^-\text{OOC}-(CH_2)_5-\text{NH}_2 + \text{Na}^+ + \text{H}_2\text{O}$$
　　　化合物Y

合成繊維②（ポリエステル）
　(e)ポリエチレンテレフタラートは，テレフタル酸とエチレングリコー
ルを重合させてつくられ，強度が大きくしわになりにくい繊維として広
く利用されている。

モノマーどうしが縮合重合によってエステル結合で結びついてできる，分
子内に多数のエステル結合をもつ高分子をポリエステルといいます。

テーマ **20** 縮合重合系合成高分子

吸湿性が小さいため乾きが速く，型崩れしにくいので，衣料に用いられている合成繊維です。

　代表的なポリエステルが，テレフタル酸とエチレングリコールの縮合重合によって得られるポリエチレンテレフタラート（PET）です。

n HO:OC─⟨　⟩─CO:OH　＋　n H:O─(CH₂)₂─O:H

テレフタル酸　　　　　　　　　**エチレングリコール**

縮合重合
───────→　HO─[C─⟨　⟩─C─O─(CH₂)₂─O]─H　＋　(2n−1)H₂O

PET

　実際には，反応性の高いテレフタル酸ジメチルを使用します（エステル交換反応）。

交換　　　　　**テレフタル酸ジメチル**　　　　交換

HO─(CH₂)₂─OH　CH₃─O─C─⟨　⟩─C─O─CH₃　HO─(CH₂)₂─OH

CH₃─OH　＋　HO─(CH₂)₂─O─C─⟨　⟩─C─O─(CH₂)₂─OH　＋　HO─CH₃

　それでは，ポリエチレンテレフタラートに関する **問9** を確認しましょう。

問9

(1)　ポリエチレンテレフタラートを 1000 g つくるのに必要なテレフタル酸の理論上の質量 [g] はいくらか。
　（分子量はテレフタル酸 166，エチレングリコール 62）

　テレフタル酸 1 分子とエチレングリコール 1 分子から計 2 分子の水が取れて縮合するため，ポリエチレンテレフタラート（以下 PET）の繰り返し単位の式量は，

$$166+62-18\times2=192$$

　よって，PET の分子量は $192n$ と表すことができます（高分子は分子量が大きいため，計算問題では，通常末端の H₂O は無視します）。

テレフタル酸とPETの物質量比は$n:1$であるため，テレフタル酸の質量をx〔g〕とすると，以下のような式が成立します。

$$\frac{x}{166} : \frac{1000}{192n} = n : 1 \qquad x \fallingdotseq \mathbf{865} \quad \text{よって，選択肢④が適切です。}$$

問9

(2) 分子量が5.76×10^4のポリエチレンテレフタラート1分子中に含まれるエステル結合の個数はいくらか。

(1)で確認したように，PETの分子量は$192n$と表すことができるため，重合度nが決まります。

$$192n = 5.76 \times 10^4 \qquad n = 300$$

また，繰り返し単位の中に2つのエステル結合，すなわちPET 1分子中に$2n$個のエステル結合が存在するため，nの2倍が解答となります。

$$300 \times 2 = \mathbf{600 個} \qquad \text{よって，適切な選択肢は⑤です。}$$

問9

(3) ポリエチレンテレフタラート0.474 gを適当な溶媒に溶かして1.0×10^2 mLの溶液をつくった。この溶液を5.0×10 mLとり，2.5×10^{-3} mol/Lの水酸化ナトリウムのエタノール溶液で滴定したところ，1.58 mLを要した。このポリエチレンテレフタラートの分子量を求めよ。ただし，ポリエチレンテレフタラート1分子あたり1個のカルボキシ基を末端にもち，この条件下では加水分解は起こらないものとする。

問題文より，PET 1分子あたり1個のカルボキシ基があるため，PETは1価の酸であり，水酸化ナトリウムと等しい物質量で中和点となります。

PETの分子量をMとすると，実験に使用した中和反応の量的関係は以下のように表すことができます。

$$\frac{0.474}{M} \times \frac{5.0 \times 10}{1.0 \times 10^2} = 2.5 \times 10^{-3} \times \frac{1.58}{1000} \qquad M = \mathbf{6.0 \times 10^4}$$

それでは最後に，本問で扱った重要な合成繊維をまとめておきましょう。

◆重要! 重要な合成繊維

- ● ナイロン(ポリアミド)
  - ・ ナイロン66
    モノマー　：アジピン酸 $HOOC-(CH_2)_4-COOH$
    　　　　　　ヘキサメチレンジアミン $H_2N-(CH_2)_6-NH_2$
    重合の種類：縮合重合

  - ・ ナイロン6
    モノマー　：ε-カプロラクタム
    重合の種類：開環重合

    $$n H_2C \left\langle \begin{array}{l} CH_2-CH_2-C=O \\ CH_2-CH_2-N-H \end{array} \right.$$

    ε-カプロラクタム

- ● ポリエステル
  - ・ ポリエチレンテレフタラート
    モノマー　：テレフタル酸 $HOOC-C_6H_4-COOH$
    　　　　　　エチレングリコール $HO-(CH_2)_2-OH$
    重合の種類：縮合重合

解答

問1	ア ③	ウ ⑥	エ ⑤		
問2	イ ⑨	オ ②	カ ⑥		
問3	アクリロニトリル				
問4	開環				
問5	(1) ②	(2) ②			
問6	H：C⋮⋮N				
問7	シクロヘキサノール				
問8	$HOOC-(CH_2)_5-NH_3{}^+$				
問9	(1) ④	(2) ⑤	(3) 6.0×10^4		

MEMO

坂田　薫（さかた　かおる）
　オンライン予備校「スタディサプリ」講師。
　オンライン学習サービス「スタディサプリ大学受験講座」では、化学＜理論編＞＜無機編＞＜有機編＞、共通テスト対策講座「化学基礎」「化学」を担当し、大手予備校でも講義を受け持つ。ていねいでわかりやすい本格的講義で受講生からの人気も非常に高い。
　著書に、本書の姉妹書『大学入試問題集　坂田薫の有機化学ポラリス［1 標準レベル］』『坂田薫の　1冊読むだけで化学の基本＆解法が面白いほど身につく本』『坂田薫の　化学　たいせつポイント超整理』（以上、KADOKAWA）、『坂田薫の　スタンダード化学―理論化学編』（技術評論社）、『坂田薫の化学基礎が驚くほど身につく25講』（文英堂）などがある。

だいがくにゅうしもんだいしゅう
大学入試問題集
さかたかおる　ゆうきかがく　　　　　　　はってん
坂田薫の有機化学ポラリス［2 発展レベル］
2023年10月20日　初版発行

さかた　かおる
著者／坂田　薫

発行者／山下　直久

発行／株式会社KADOKAWA
〒102-8177　東京都千代田区富士見2-13-3
電話　0570-002-301（ナビダイヤル）

印刷所／大日本印刷株式会社
製本所／大日本印刷株式会社

本書の無断複製（コピー、スキャン、デジタル化等）並びに
無断複製物の譲渡及び配信は、著作権法上での例外を除き禁じられています。
また、本書を代行業者などの第三者に依頼して複製する行為は、
たとえ個人や家庭内での利用であっても一切認められておりません。

●お問い合わせ
https://www.kadokawa.co.jp/（「お問い合わせ」へお進みください）
※内容によっては、お答えできない場合があります。
※サポートは日本国内のみとさせていただきます。
※Japanese text only

定価はカバーに表示してあります。

©Kaoru Sakata 2023　Printed in Japan
ISBN 978-4-04-606190-4　C7043

大学入試問題集

坂田薫の有機化学

ポラリス ✦ POLARIS

2

発展レベル

【別冊】問題編

坂田薫 著

別冊は、本体にこの表紙を残したまま、ていねいに抜き取ってください。
なお、別冊の抜き取りの際の損傷についてのお取り替えはご遠慮願います。

大学入試問題集

坂田薫の

有機化学

ポラリス ✦ POLARIS 2

発展レベル

【別冊】問題編

坂田薫 著

アルケン

▶ 立命館大学

本番想定時間
15分

［解説・解答は本冊12ページ］

次の文章を読み，以下の問いに答えよ。

炭素と水素のみからなる有機化合物を炭化水素といい，炭素原子のつながり方によって鎖式炭化水素と環式炭化水素に分類される。また，炭素原子がすべて単結合だけで結合した飽和炭化水素と，(a) 炭素原子間に二重結合や三重結合をもつ不飽和炭化水素に大別することもできる。飽和炭化水素にはアルカンや　あ　があり，不飽和炭化水素にはアルケン，アルキンなどがある。(b) これらの炭化水素は，いずれも完全燃焼によって二酸化炭素と水を生じる。一般に，アルカンのような飽和炭化水素は比較的安定であるが，アルケンのような不飽和炭化水素は，水素や臭素などと付加反応を起こしやすい。たとえば，1-ブテンに臭素を付加させると　い　が生成する。

問1 文章中の　あ　にあてはまる語句を記せ。

問2 文章中の　い　にあてはまる化合物の名称を記せ。

問3 文章中の下線部(a)について，炭素原子の数が10で，分子内に二重結合2個と三重結合1個をもつ鎖式炭化水素の分子式を下の選択肢の中から選べ。

① $C_{10}H_{10}$ ② $C_{10}H_{12}$ ③ $C_{10}H_{14}$ ④ $C_{10}H_{16}$
⑤ $C_{10}H_{18}$ ⑥ $C_{10}H_{20}$

問4 文章中の下線部(b)について，あるアルケン0.10 molとプロパン0.30 molとの混合気体を完全燃焼させるのに，酸素が2.10 mol必要であったとすると，この混合気体中に含まれるアルケンは何か。その分子式を記せ。

問5 分子式が C_5H_{10} の炭化水素について，(1)～(5)の問いに答えよ。

　分子式が C_5H_{10} の炭化水素には多数の構造異性体が存在するが，それらのうちの4種の構造異性体A～Dについて，次のような情報が得られている。

(ア)　Aは分子内にメチル基をもたないが，他の炭化水素はメチル基をもつ。

(イ)　Bには立体異性体が存在するが，他の炭化水素には立体異性体は存在しない。

(ウ)　Aには水素が付加しないが，B～Dには水素が付加する。このとき，BとCからは同一物質Eを生じる。

(エ)　Dは分子内のすべての炭素原子が同一平面上に存在する。また，Dに水を付加させると沸点の異なる2種類のアルコールを生じるが，そのうちの一方に水酸化ナトリウム水溶液とヨウ素を加えて温めると，黄色の沈殿Fが生成する。

(1)　AおよびBの名称を記せ。ただし，Bの立体異性体を区別する必要はない。

(2)　CおよびDの構造を，解答例にならって記せ。

(解答例)
$$CH_3-\overset{\overset{\displaystyle CH_3}{|}}{CH}-CH=CH-CH_2-CH_3$$

(3)　Bに臭素を付加させたときに生じる化合物には，立体異性体が全部で何種類考えられるか。その数を下の選択肢の中から選べ。
① 1種類　　② 2種類　　③ 3種類　　④ 4種類
⑤ 5種類　　⑥ 6種類

(4)　Eについて述べた記述のうち，正しいものを下の選択肢の中からすべて選べ。
① メタンの同族体である。
② 炭素骨格に枝分かれ構造がある。
③ 立体異性体が存在する。
④ 塩素と混合して光を当てると，置換反応が起こる。
⑤ 付加重合させると，高分子化合物を生じる。

(5)　Fの分子式を記せ。

アルキン

▶ 関西学院大学

[解説・解答は本冊22ページ]

次の文章を読み，以下の問いに答えよ。

　分子式 C_5H_8 の化合物 A，B，C がある。化合物 A は 4 つの炭素原子が直線上に並んだ構造をしており，　　a　　結合を 1 つもった分子である。A を触媒を用いて水素と反応させると，化合物 1 mol あたり 1 mol の水素が消費されて分子式 C_5H_{10} で表される化合物 D が生成した。D にはシス-トランス異性体（幾何異性体）が存在する。D に塩化水素を作用させたところ，　　b　　反応が起こり，化合物 E が得られた。

　化合物 B は　　a　　結合を 1 つもつ。B を触媒を用いて水素と十分に反応させると，分子式 C_5H_{12} で表される化合物 F が生成した。これは A を同様の条件で反応させて得られる分子式 C_5H_{12} で表される化合物 G とは異なる構造をしている。

　一方，化合物 C を触媒を用いて水素と十分に反応させると，分子式 C_5H_{10} で表される化合物 H が得られた。H に塩化水素を作用させても反応は起こらなかった。

問1 化合物 A の構造式を記せ。

問2 　a　 および 　b　 に適切な語句を記せ。

問3 化合物 E として可能な構造の構造式をすべて示せ。生成物に不斉炭素原子が存在する場合には，その炭素原子に＊を記せ。

問4 化合物 B の構造式を記せ。

問5 化合物 C として可能な構造式を 2 つ記せ。

アルコール

▶ 関西大学

本番想定時間

12分

[解説・解答は本冊28ページ]

次の文章を読み, **(1)**, **(2)** の[＿＿＿]に入れる最も適当な数を, 解答群から選べ。また, **(3)**, **(4)** の(　　)には化合物名を, **(5)**〜**(7)** の{　　}には記入例にならって構造式を, それぞれ記せ。ただし, 不斉炭素原子がある場合には＊印をつけよ。

（構造式の記入例）

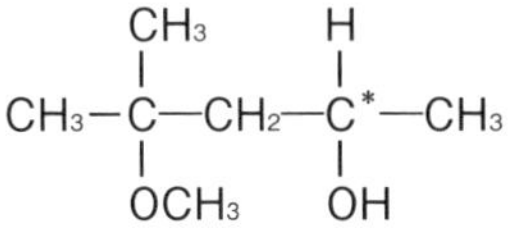

$$CH_3-C-CH_2-C^*-CH_3$$

（上部に CH_3 と H, 下部に OCH_3 と OH）

＊印は不斉炭素原子を示す。

分子式 $C_5H_{12}O$ で表される化合物 A, B, C, D, E がある。この分子式で表される化合物にはアルコールとエーテルが考えられ, 鏡像異性体(光学異性体)を区別しなければ, それぞれ[**(1)**]種類のアルコールと[**(2)**]種類のエーテルの構造異性体が存在する。A, B, C, D はアルコールであり, E はエーテルである。また, A, D, E は不斉炭素原子をもつが, B, C は不斉炭素原子をもたない。

A を分子内で脱水反応させると, シス−トランス異性体(幾何異性体)を含む3種類のアルケンが生じた。また, B, C, D をそれぞれ硫酸酸性の二クロム酸カリウム水溶液で酸化したところ, B からはケトンが生じ, D からはアルデヒドを経てカルボン酸が生成した。しかし, C は酸化されにくかった。

以上の結果より, A の化合物名は((**(3)**)), B の化合物名は((**(4)**))であり, C の構造式は{ **(5)** }, D の構造式は{ **(6)** }, E の構造式は{ **(7)** }であることがわかる。

一般に, アルコールの名称では, ヒドロキシ基がついている炭素原子の番号が小さくなるように炭素原子に番号をつける。そして, ヒドロキシ基がついている炭素の番号を先頭に書く。例えば, 右図の化合物は3−ヘプタノールとよぶ。

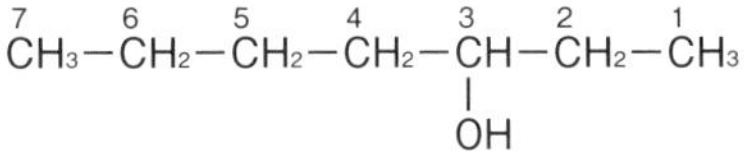

$$\overset{7}{CH_3}-\overset{6}{CH_2}-\overset{5}{CH_2}-\overset{4}{CH_2}-\overset{3}{CH}-\overset{2}{CH_2}-\overset{1}{CH_3}$$

（3 の炭素の下に OH）

図

解答群 (ア) 1　(イ) 2　(ウ) 3　(エ) 4　(オ) 5　(カ) 6　(キ) 7　(ク) 8　(ケ) 9　(コ) 10　(サ) 11　(シ) 12

Theme 4 アルデヒド・ケトン

▶ 早稲田大学（基幹理工・創造理工・先進理工学部）

本番想定時間 **12**分

[解説・解答は本冊37ページ]

次の文章を読み，以下の問いに答えよ。

構造の異なる有機化合物 A～F の分子式は，いずれも $C_5H_{12}O$ である。これらの構造を調べるために［実験1］～［実験3］を行った。

［**実験1**］　化合物 A～F に濃硫酸を加えて加熱したところ，いずれからも分子量が70の生成物が得られた。その生成物を調べたところ，化合物 A，F からは1種類のみが得られた。化合物 B，C，D からはそれぞれ2種類が得られ，化合物 B から得られた2種類はシス-トランス異性体であった。また，化合物 E からは3種類が得られ，それらのうち2つはシス-トランス異性体であった。

［**実験2**］　実験1で化合物 A から得られた分子量70の生成物をオゾン分解[*1]したところ，アルデヒド G とケトン H が得られた。

[*1] オゾン分解

$$
\underset{R^2}{\overset{R^1}{{>}}}{=}\underset{R^4}{\overset{R^3}{{<}}} \xrightarrow{\text{オゾン}} \underset{R^2}{\overset{R^1}{{>}}}\underset{O{-}O}{\overset{O}{\underset{}{\bigtriangleup}}}\underset{R^4}{\overset{R^3}{{<}}} \xrightarrow{\text{分解}} \underset{R^2}{\overset{R^1}{{>}}}{=}O + O{=}\underset{R^4}{\overset{R^3}{{<}}}
$$

オゾニド

R^1，R^2，R^3，R^4 はアルキル基や水素など

［**実験3**］　化合物 A～F に対して，硫酸酸性の二クロム酸カリウム水溶液を十分な量加えたところ，化合物 C のみが反応しなかった。

問1 化合物 C の構造を「水素 H の価標を省略して簡略化した構造式」*² で書け。

 *2「水素 H の価標を省略して簡略化した構造式」でプロパンを書いた場合

  H₃C – CH₂ – CH₃

問2 ［**実験2**］で得られたアルデヒド G の物質名を答えよ。

問3 化合物 A〜H の中で，不斉炭素原子を有する化合物をすべて選び，記号で答えよ。

問4 化合物 A〜H の中で，ヨウ素と水酸化ナトリウム水溶液を加えて加熱すると黄色沈殿が生成する化合物をすべて選び，記号で答えよ。

問5 化合物 F として考えられるすべての構造を「水素 H の価標を省略して簡略化した構造式」*² で書け。

Theme
5 エステル
▶ 立命館大学

本番想定時間
15 分

［解説・解答は本冊45ページ］

次の文章を読み，以下の問いに答えよ。ただし，必要に応じて次の値を用いよ。　原子量：H＝1.0，C＝12，O＝16

分子式が $C_6H_{10}O_2$ で表される化合物 A がある。この化合物の構造を決定するために，以下の実験を行った。

[**実験1**]　化合物 A に水酸化ナトリウム水溶液を加えて加熱し，反応液を酸性にしたところ，中性の化合物 B と酸性の化合物 C が得られた。

[**実験2**]　化合物 B の水溶液に (a)硫酸酸性の二クロム酸カリウム水溶液を加えて加熱すると，化合物 D が得られた。化合物 D は，酢酸カルシウムを乾留して得られる化合物と同じであった。

[**実験3**]　化合物 B に濃硫酸を加えて高温で加熱すると，化合物 E が得られた。化合物 C と化合物 E は (b)合成樹脂の原料として重要である。

[**実験4**]　化合物 C に (c)臭素水を反応させると，赤褐色の液が無色になった。

[**実験5**]　化合物 C 0.36 g を含む水溶液を完全に中和するために，0.10 mol/L の水酸化カリウム水溶液が 50 mL 必要であった。

問1　文章中の下線部(a)について，二クロム酸イオンの反応式は以下のとおりである。　あ　～　え　にあてはまる最も適当な数値を下の選択肢の中から選べ。

$Cr_2O_7^{2-}$ ＋　あ　H^+ ＋　い　e^- ⟶　う　Cr^{3+} ＋　え　H_2O
① 1　② 2　③ 3　④ 4　⑤ 5　⑥ 6　⑦ 7　⑧ 8
⑨ 9　⑩ 10　⑪ 11　⑫ 12　⑬ 13　⑭ 14　⑮ 15

問2　化合物 B の性質として最も適当なものを下の選択肢の中から 2つ 選べ。
① アンモニア性硝酸銀水溶液を加えて加熱すると，銀が析出する。
② 臭素水を反応させると，赤褐色の液が無色になる。
③ ナトリウムと反応させると，水素が発生する。
④ ニンヒドリン水溶液を加えて加熱すると，紫色に呈色する。
⑤ ヨウ素と水酸化ナトリウム水溶液を反応させると，黄色沈殿が生じる。

問3 化合物 D および E の名称を記せ。

問4 化合物 B および E とそれぞれ同じ分子式をもつ構造異性体は，B，E を含めて何種類考えられるか。その数として最も適当なものを下の選択肢の中からそれぞれ選べ。
① 1　② 2　③ 3　④ 4　⑤ 5　⑥ 6　⑦ 7　⑧ 8

問5 文章中の下線部(b)について，合成樹脂に関する以下の文章中の　お　～　く　にあてはまる最も適当な語句を下の選択肢の中から選べ。
　化合物 E が　お　した熱可塑性樹脂は，重合方法の進歩により，置換基の立体規則性が高くなることで耐熱性が向上しており，さまざまな容器に用いられている。ペットボトルの原料のポリエチレンテレフタラートは，テレフタル酸とエチレングリコールが　か　した熱可塑性樹脂であり，テレフタル酸とエチレングリコールは　き　結合している。また，絹に近い肌触りをもつ合成繊維であるナイロン66は，アジピン酸とヘキサメチレンジアミンが　か　した高分子であり，アジピン酸とヘキサメチレンジアミンは　く　結合している。
① 加水分解　② 縮合重合　③ 付加重合　④ 付加縮合
⑤ アミド　⑥ エステル　⑦ エーテル　⑧ グリコシド

問6 文章中の下線部(c)について，この反応の名称として最も適当なものを下の選択肢の中から選べ。
① 重合　② 脱水　③ 脱離　④ 置換　⑤ 中和　⑥ 付加

問7 [実験5]の結果から化合物 C の分子量と分子式を求めよ。

問8 化合物 A の構造を解答例にならって記せ。
(解答例)

```
        O      CH₃
        ‖      |
CH₃－C－O－CH－CH＝CH₂
```

Theme 6 ✦

ベンゼン

▶ 北海道大学

本番想定時間
15分

［解説・解答は本冊54ページ］

　次の文章を読み，以下の問いに答えよ。なお，構造式は記入例にならって記せ。特に説明のないかぎり，反応は完全に進行するものとする。

（記入例）

H₃C, CH−OH ... H₃N⁺... ⁻O−C=O ... H, C=C ... CH₂ ... C−O ... CH₃

　トルエンを適切な条件で酸化すると，分子式 $C_7H_6O_2$ の化合物　　ア　　が得られた。また，適切な条件でスチレンを酸化した場合にも　　ア　　が得られた。　　ア　　の炭素数はスチレンより少ないことから，この酸化反応では1か所の炭素–炭素結合が切断されたことがわかる。

　化合物 A，B，C および D は，すべて分子式 C_9H_{10} で表される芳香族炭化水素であり，たがいに異性体の関係にある。これらの化合物を適切な条件で酸化したところ，そのうちの1つだけが，飲料の透明容器などに利用される高分子化合物　　イ　　の原料である芳香族化合物　　ウ　　を与えた。適切な触媒の存在下で水素との反応を行ったところ，A は変化しなかったが，B，C および D は1分子あたり1分子の水素と反応して分子式 C_9H_{12} の芳香族炭化水素を与えた。B と C からは同一の化合物 E が生成し，D からは E と異なる化合物 F が生成した。

問1 空欄 **ア** ～ **ウ** にあてはまる化合物の名称を答えよ。

問2 下線部に関連して，炭素-炭素結合の切断反応は，工業的にフェノールを合成する際にも用いられている。この工業的合成法の名称を答えよ。

問3 Aは，その分子中に不斉炭素を1つ含む。Aにあてはまる構造式を示せ。

問4 Dにあてはまる構造式を示せ。

問5 Eにあてはまる構造式を示せ。

問6 ナフタレンを適切な条件で酸化すると分子式 $C_8H_4O_3$ の化合物 G が生成する。Gの名称を答えよ。また，Gが生成するためには，少なくとも何か所の炭素-炭素結合の切断が必要か，数字で答えよ。

フェノール

▶ 早稲田大学（基幹理工・創造理工・先進理工学部）

本番想定時間
20分

［解説・解答は本冊64ページ］

次の文章を読み，以下の問いに答えよ。なお，構造式を書く場合，ベンゼン環は ⬡ のように書くこと。

構造の異なる有機化合物 A～G がある。これらの構造を調べるために，[**実験1**]～[**実験8**] を行った。なお，化合物 A～G の分子式はいずれも $C_9H_{12}O$ であり，ベンゼン環を含む化合物であることがわかっている。

[**実験1**] 化合物 A～G のジエチルエーテル溶液にナトリウムを加えると，いずれの溶液からも気体が発生した。

[**実験2**] 化合物 A～G に対して水酸化ナトリウム水溶液とヨウ素を加えて加熱すると，化合物 B，G のみ，特有の臭気のある黄色沈殿が生じた。

[**実験3**] 化合物 A～G のクロロホルム溶液に平面偏光を通過させたところ，化合物 A，B，C，G の溶液が平面偏光を回転させる性質（旋光性）を示した。また，化合物 A，B，C，G に硫酸酸性の二クロム酸カリウム水溶液を加えるといずれも反応した。反応後の生成物に関して，化合物 C から得られた生成物には旋光性があったが，化合物 A，B，G から得られた生成物に旋光性はなかった。

[**実験4**] 化合物 A～G に塩化鉄(Ⅲ)水溶液を加えると，化合物 E のみ呈色した。

[**実験5**] 化合物 A，B を酸性条件下で加熱したところ，いずれからも化合物 H が得られた。

[**実験6**] 化合物 D，E に硫酸酸性の二クロム酸カリウム水溶液を加えたが，酸化反応は進行しなかった。

[**実験7**] 化合物 E を強い酸化剤で酸化したところ，化合物 I が得られた。さらに化合物 I を，触媒の存在下でメタノールと反応させたところ，サリチル酸メチルが得られた。

[**実験8**] 化合物 F に対して過マンガン酸カリウム水溶液を加えて十分に加熱したところ，カルボキシ基を 3 つ有する化合物が得られた。

問1 **実験1**で反応した化合物 A〜G に共通して含まれている官能基の名称と，発生した気体の名称を書け。

問2 上記の実験より得られる情報から，化合物 C，D の構造式を書け。

問3 上記の実験より得られる情報から，化合物 F として何種類の構造が考えられるか。

問4 〔**実験5**〕で進行した反応の名称と，化合物 H の構造式を書け。

問5 〔**実験7**〕で化合物 I からサリチル酸メチルが得られる反応式を書け。なお，化合物 I とサリチル酸メチルは構造式で書け。

問6 化合物 G として考えられる化合物の構造式をすべて書け。ただし，立体異性体は区別しないものとする。

Theme 8 アニリン

▶ 福岡大学（理学部）

本番想定時間
∨
15分

［解説・解答は本冊74ページ］

染料の合成に関する次の文章を読み，以下の問いに答えよ。

人類は古代より，植物の葉・茎・根や貝の分泌液などに含まれる色素を糸や布の染料として利用してきた。現在では，天然の素材から得られる染料に代わり，石油や石炭を原料にして化学的に合成した種々の色素を染料として利用している。

図1　スルファニル酸ナトリウム（左）と
N,N–ジメチルアニリン（右）の構造式

(あ)アニリンの希塩酸溶液を(い)氷冷しながら，　ア　水溶液を加えると，塩化ベンゼンジアゾニウムの水溶液が得られる。塩化ベンゼンジアゾニウムの水溶液に芳香族化合物である　イ　の　ウ　水溶液を加えると橙赤色の*p*–ヒドロキシアゾベンゼンが生成する。分子中にアゾ基をもつ化合物は，アゾ化合物とよばれる。芳香族アゾ化合物は黄色～赤色を示すものが多く，染料や色素などとして広く利用されている。同様の方法で図1に示す(う)スルファニル酸ナトリウムをジアゾ化したあと，*N,N*–ジメチルアニリンとカップリングを行うと，中和滴定の指示薬として用いられる　エ　が生成する。

問1 文中の空欄　ア　～　エ　に最も適する語句を次の(1)～(12)から選び，番号で答えよ。

(1)　亜硫酸ナトリウム　　(2)　硫酸ナトリウム
(3)　亜硝酸ナトリウム　　(4)　硝酸ナトリウム
(5)　水酸化ナトリウム　　(6)　塩化アンモニウム
(7)　フェノール　　　　　(8)　1–ナフトール
(9)　ベンゼン　　　　　　(10)　オレンジⅡ
(11)　メチルオレンジ　　　(12)　フェノールフタレイン

16

問2 下線部**(あ)**に関して，アニリン塩酸塩は，ニトロベンゼンをスズ Sn と濃塩酸で還元することにより得られる。その酸化還元反応式は次の文のようにしてつくることができる。反応式①～③の a ～ j にあてはまる係数を下の解答群(1)～(15)から選び，番号で答えよ。ただし，同じ番号を何度用いてもよい。

文 ニトロベンゼンがアニリンに変化する反応式は，両辺の O 原子の数，H 原子の数および電荷を合わせると式①のように表される。

$$C_6H_5NO_2 + \boxed{}\,H^+ + \boxed{}\,e^-$$
$$\longrightarrow C_6H_5NH_2 + \boxed{}\,H_2O \qquad ①$$

次に Sn が塩酸に溶けて Sn^{2+} となり，さらに Sn^{4+} へと変化する反応式は式②のようになる。

$$Sn \longrightarrow Sn^{4+} + \boxed{}\,e^- \qquad ②$$

式①と式②より，酸化還元反応式が導かれる。ただし，この反応は過剰の塩酸を用いているので，生成物はアニリン塩酸塩となり，その化学反応式は式③のようになる。

$$\boxed{}\,C_6H_5NO_2 + \boxed{}\,Sn + \boxed{}\,HCl$$
$$\longrightarrow \boxed{}\,C_6H_5NH_3Cl + \boxed{}\,SnCl_4 + \boxed{}\,H_2O \qquad ③$$

〔解答群〕

(1) 2	(2) 3	(3) 4	(4) 5	(5) 6	(6) 7
(7) 8	(8) 9	(9) 10	(10) 11	(11) 12	
(12) 14	(13) 15	(14) 16	(15) 24		

問3 下線部**(い)**に関して，氷冷する理由として最も適するものはどれか。次の(1)～(5)から選び，番号で答えよ。
(1) アニリンを塩酸塩にするため。
(2) アニリン塩酸塩を十分に水に溶解させるため。
(3) 塩化ベンゼンジアゾニウムが水と反応してフェノールと N_2 および HCl が生成するのを防ぐため。
(4) 塩化ベンゼンジアゾニウムが水と反応してアニリンと HCl が生成するのを防ぐため。
(5) 生成するアゾ化合物が分解するのを防ぐため。

問4 アニリンを硫酸酸性の二クロム酸カリウム水溶液で酸化すると，染料として使われる水に不溶な物質が生成する。この物質の名称を記せ。

問5 下線部(**う**)に関して，スルファニル酸ナトリウムと *N,N*-ジメチルアニリンのかわりに，アニリンと 2-ナフトールを用いてジアゾカップリングを行うと染料であるスダン I が得られる。図2の破線で囲んだ空欄にあてはまる部分構造をそれぞれ補って，スダン I の構造式を完成せよ。

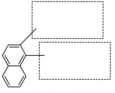

図2　スダン I の構造式

MEMO

芳香族の分離

▶ 名城大学（薬学部）

本番想定時間

15分

[解説・解答は本冊82ページ]

次の文章を読み，以下の問いに答えよ。

化合物 A はアミド結合を 1 つもち，分子式 $C_{14}H_{13}NO$ で表される中性の物質である。この化合物 A に塩酸を加えて加熱すると，加水分解生成物である化合物 B と化合物 C，および一部未反応の化

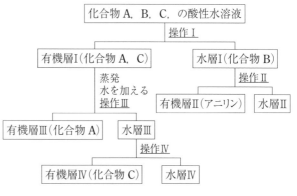

化合物 A，B，C の酸性水溶液
┃ 操作 I
├─ 有機層 I（化合物 A，C）
│   ┃ 蒸発
│   ┃ 水を加える
│   ┃ 操作Ⅲ
│   ├─ 有機層Ⅲ（化合物 A）
│   └─ 水層Ⅲ
│   ┃ 操作Ⅳ
│   ├─ 有機層Ⅳ（化合物 C）
│   └─ 水層Ⅳ
└─ 水層 I（化合物 B）
    ┃ 操作Ⅱ
    ├─ 有機層Ⅱ（アニリン）
    └─ 水層Ⅱ

合物 A からなる混合物の酸性水溶液が得られた。化合物 A，B，C はいずれもベンゼン環をもっていた。これらを分離するために以下の操作を行った。この水溶液に 操作 I し，有機層 I と水層 I を得た。有機層 I からは化合物 A および化合物 C が得られた。さらに，水層 I に 操作Ⅱ し，有機層Ⅱと水層Ⅱを得た。有機層Ⅱからはアニリンが得られた。アニリンの確認のために，冷やしながら，塩酸と亜硝酸ナトリウムを反応させると，化合物 D の水溶液が得られた。この化合物 D は分解しやすく，水温が高くなると水と反応して ア と気体である イ を生じる。そのため，化合物 D の水溶液を冷却しながら ア の水酸化ナトリウム水溶液を加えた。すると，橙赤色の沈殿である化合物 E が得られたことから，アニリンが含まれていることを確認した。

操作 I における有機層 I の溶媒を蒸発させて得られる化合物 A と化合物 C の混合物に，水を加えたのちに 操作Ⅲ し，有機層Ⅲと水層Ⅲを得た。有機層Ⅲからは化合物 A が得られた。さらに，水層Ⅲに 操作Ⅳ し，有機層Ⅳと水層Ⅳを得た。有機層Ⅳからは化合物 C が得られた。化合物 C を過マンガン酸カリウム水溶液と反応させると，化合物 F が得られた。化合物 F はペットボトルに使われている合成高分子の原料となる化合物であった。

20

問1 空欄 ア , イ に最も適するものを，次の①〜⑩から選び，
それぞれ記せ。
① トルエン　　② フェノール　　③ 安息香酸　　④ サリチル酸
⑤ アセトアニリド　　⑥ 水素　　⑦ 窒素　　⑧ 酸素
⑨ 二酸化炭素　　⑩ 二酸化窒素

問2 操作Ⅰ 〜 操作Ⅳ に関する以下の問い(1)，(2)に答えよ。
(1) 操作Ⅰ として最も適するものを，下の①〜④から選び，
(2) 操作Ⅱ 〜 操作Ⅳ として最も適するものを，下の③〜⑧から選び，
それぞれ記しなさい。ただし，同じものを何度用いてもよい。
① $CH_3CH_2OCH_2CH_3$ を加えて抽出
② CH_3CH_2OH を加えて抽出
③ 水酸化ナトリウム水溶液を十分加えて塩基性としたのちに
　 $CH_3CH_2OCH_2CH_3$ を加えて抽出
④ 水酸化ナトリウム水溶液を十分加えて塩基性としたのちに，
　 CH_3CH_2OH を加えて抽出
⑤ 二酸化炭素を十分吹き込んだのちに，$CH_3CH_2OCH_2CH_3$ を加えて
　 抽出
⑥ 二酸化炭素を十分吹き込んだのちに CH_3CH_2OH を加えて抽出
⑦ 塩酸を十分加えて酸性としたのちに，$CH_3CH_2OCH_2CH_3$ を加えて
　 抽出
⑧ 塩酸を十分加えて酸性としたのちに，CH_3CH_2OH を加えて抽出

問3 化合物 B に関する記述として適するものを，次の①〜⑤から2つ選
び，記しなさい。
① 水溶液は弱塩基性を示す。
② 水溶液は弱酸性を示す。
③ ニトロベンゼンをスズと濃塩酸で還元することで得られる。
④ フェノールに濃硝酸と濃硫酸の混合物を加えることで得られる。
⑤ フェーリング液とともに加熱すると赤色沈殿を生じる。

問4 化合物 A，C，E，F の構造式
を，記入例にならってそれぞれ書
きなさい。

(記入例)

HO
◯—C—O—CH₂—CH=CH—CH₃
　　‖
　　O

Theme 10. 構造決定の総合問題

▶ 名古屋工業大学

本番想定時間
∨
15分

[解説・解答は本冊92ページ]

次の文章を読み，以下の問いに答えよ。構造式は例にならって記すこと。必要であれば，下の値を用いよ。

ただし，原子量は $H = 1.0$，$C = 12$，$O = 16$ とする。

（記入例）

```
HO-CH₂      O  CH₃
             ‖  |
  H₂N-〈 〉-C-CH-CH₂-CH₃
              *
```

2つのベンゼン環をもつ分子式 $C_{17}H_{16}O_3$ のエステル化合物 A，B，C がある。化合物 A を加水分解して中和すると化合物 D と E が得られた。化合物 D に含まれる炭素原子間の二重結合はトランス形であり，D のシス形異性体を分子内で脱水縮合させると，桜の葉の芳香成分であるクマリンが生成する。

クマリン

化合物 E に水酸化ナトリウム水溶液とヨウ素を加えて反応させると，特有の臭気をもつヨードホルムの沈殿が生じた。この反応は，化合物 E が 　ア　 されて CH_3CO-R の構造を経由して起こる。化合物 E の構造異性体である化合物 F を 　ア　 して得られる分子量 120 の化合物 G に 　イ　 水溶液を加えて加熱すると，銀が析出した（銀鏡反応）。化合物 F や G を過マンガン酸カリウムと反応させると，ポリエチレンテレフタラートの合成原料が得られる。

化合物 B を加水分解して中和すると，化合物 D，およびベンゼン環に2つの置換基をもつ化合物 H が得られた。化合物 H に塩化鉄(Ⅲ)水溶液を加えると呈色した。化合物 H のベンゼン環にニトロ基を1つ導入すると2種類の構造異性体が得られた。

化合物 C を加水分解して中和すると，化合物 I と J が得られた。分子量 136 の化合物 I を過マンガン酸カリウムと反応させるとフタル酸が得られた。化合物 J はオルト位に2つの置換基をもつ芳香族化合物であり，ケト形とエノール形の異性体が存在する。化合物 J に 　イ　 水溶液を加えて加熱すると銀が析出したが，塩化鉄(Ⅲ)水溶液を加えても呈色しなかった。

問1 化合物 A と B，ならびに D〜I の構造式を例にならって記せ。不斉炭素原子が存在するものに関しては，不斉炭素原子の上または下に＊を付けて記すこと。

問2 文中の空欄 ［　ア　］と［　イ　］にあてはまる適当な語を記せ。

問3 下線部について，フタル酸を加熱すると脱水反応が起こる。その反応の化学反応式を記せ。

問4 化合物 J として考えられるすべての構造式を例にならって記せ。ただし，化合物 J については，以下のことがわかっているとする。
1) エーテル結合を含まない。
2) エノール形に含まれる炭素原子間の二重結合はトランス形である。
3) 不斉炭素原子は含まない。

[解説・解答は本冊103ページ]

糖類について述べた次の文を読み，以下の問いに答えよ。ただし，原子量は H = 1.0，C = 12.0，O = 16.0，Cu = 64.0 とする。

糖類のうちグルコースのように，加水分解によってそれ以上簡単な糖を生じないものを単糖類という。結晶中のグルコース分子は，6個の原子が環状になった六員環構造をとっており，図1の1位の炭素に結合しているヒドロキシ基の方向によって，α-グルコースとβ-グルコースの立体異性体が存在する。また，水溶液中では，一部の

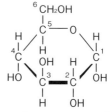

図1　α-グルコースの六員環構造
（1〜6の番号は炭素原子の位置を示す）

グルコース分子は六員環構造が開いて鎖状構造となっており，これら3種類の異性体が平衡状態にあって，混合物として存在する。鎖状構造には，　ア　基があるので，その水溶液は還元性を示す。

マルトースやスクロースのように，1分子の糖から加水分解により2分子の単糖類を生じるものを二糖類という。マルトースは，グルコース2分子が脱水縮合し，両者が　イ　結合によって結合した構造をもつ。マルトースは，鎖状構造になる部分があるので，水溶液中で還元性を示す。一方，(あ) スクロース水溶液は還元性を示さない。スクロースに希硫酸などの希酸を加えて加熱するか，酵素を作用させて加水分解すると，　ウ　糖とよばれるグルコースとフルクトースの等量混合物が得られる。

多数の単糖類が脱水縮合したものを多糖類という。デンプンは，数百〜数千個のα-グルコースが脱水縮合してできた多糖類で，　エ　とアミロペクチンの混合物である。　エ　は，比較的分子量の小さい多糖類で，隣接するα-グルコースが，図1の1位と4位の炭素に結合しているヒドロキシ基だけで脱水縮合し，鎖状に結合した構造をもつ。一方，(い) アミロペクチンは，比較的分子量が大きく，　エ　と同様の鎖状の部分に加えてα-グルコースが1位と6位の炭素の間でも脱水縮合した部分があるため，枝分かれ構造を含む分子である。デンプンに　オ　を作用させると，加水分解されて　カ　やマルトースとなる。マルトースは，　キ　により加

水分解されてグルコースとなる。

問1 文中の空欄 ア ～ キ に最も適する語句を次の(1)～(21)から選び，番号で答えよ。

(1) カルボキシ (2) ケトン (3) ホルミル (4) アミド
(5) エステル (6) グリコシド (7) アミロース
(8) ガラクタン (9) グリコーゲン (10) セルロース
(11) デキストリン (12) アミラーゼ (13) スクラーゼ
(14) セルラーゼ (15) セロビアーゼ (16) トレハラーゼ
(17) マルターゼ (18) ラクターゼ (19) 麦 芽
(20) 転 化 (21) 乳

問2 下線部**(あ)**に関して，スクロースの構造式はどれか。次の(1)～(6)から選び，番号で答えよ。

問3 スクロース 3.6 g を完全に加水分解して得られた単糖類の混合物に，十分な量のフェーリング液を加えて加熱すると，理論的に何 g の酸化銅（Ⅰ）が生じるか。最も近い値を次の(1)〜(6)から選び，番号で答えよ。ただし，単糖類 1 mol から酸化銅（Ⅰ）1 mol が生成するものとする。

(1) 1.0   (2) 1.5   (3) 2.0   (4) 3.0   (5) 4.5   (6) 6.0

問4 下線部**(い)**に関して，アミロペクチンの枝分かれ構造の推定に関する次の記述を読み，下の問い(i), (ii)に答えよ。

アミロペクチンを構成するグルコース単位のヒドロキシ基 $-OH$ をすべて $-OCH_3$ に変化させてから希硫酸で ［　イ　］結合を完全に加水分解すると，図2の化合物 A がおもに得られ，さらに化合物 B と図2の化合物 C も得られる。これら3種類の化合物の生成比からアミロペクチンの枝分かれ数などを推定できる。

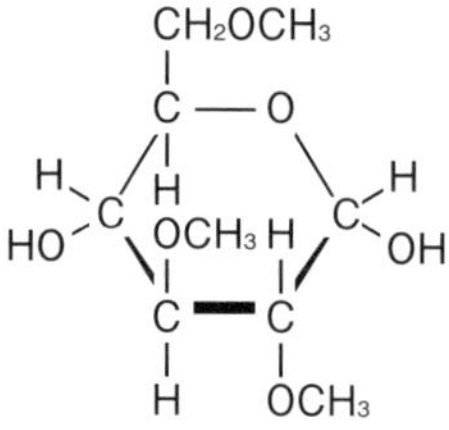

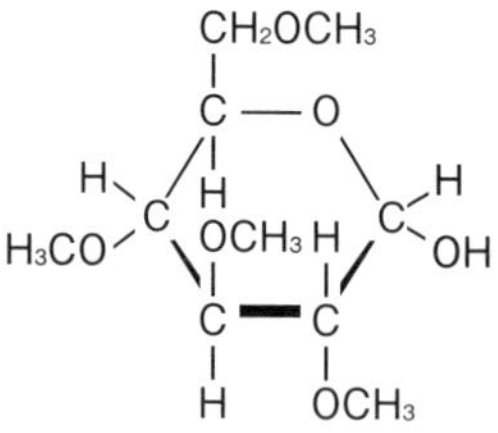

図2　3個の $-OCH_3$ をもつ化合物 A と 4個の $-OCH_3$ をもつ化合物 C

(i) 化合物 B の構造式を図2の化合物 A や化合物 C にならって完成せよ。

(ii) 分子量が 3.24×10^5 であるアミロペクチン 3.24 g を用いたとき，化合物 A を 4.00 g，B を 0.208 g，C を 0.236 g 得た。この結果から，このアミロペクチンは，グルコース単位が何個ごとに1個の枝分かれをもつと考えられるか。有効数字2桁で答えよ。

MEMO

[解説・解答は本冊113ページ]

次の文章を読み，以下の問いに答えよ。

α-アミノ酸であるアラニンは水溶液中で下図のような状態にあり，それらの比率は pH に依存する。

$$H_3N^+-\overset{\overset{\displaystyle CH_3}{|}}{\underset{\underset{\displaystyle H}{|}}{C}}-COOH \underset{H^+}{\overset{OH^-}{\rightleftarrows}} \boxed{} \underset{H^+}{\overset{OH^-}{\rightleftarrows}} H_2N-\overset{\overset{\displaystyle CH_3}{|}}{\underset{\underset{\displaystyle H}{|}}{C}}-COO^-$$

A   B   C

小   ⟵   pH   ⟶   大

アラニンは水溶液中で次のような平衡状態にあり，その電離定数 K を平衡式の右に示す。

$$A \rightleftarrows B + H^+ \quad (K_1 = 1.0 \times 10^{-2.3}\ mol/L)$$
$$B \rightleftarrows C + H^+ \quad (K_2 = 1.0 \times 10^{-9.7}\ mol/L)$$

0.1 mol/L のアラニン塩酸塩水溶液 10 mL を 0.1 mol/L の水酸化ナトリウム水溶液で滴定したところ，右のような曲線が得られた。

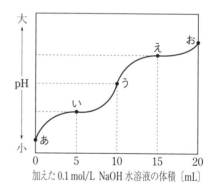

加えた 0.1 mol/L NaOH 水溶液の体積〔mL〕

問1 Bの構造式をAもしくはCにならって記せ。

問2 pHが1から3に変化すると，水溶液中の水素イオン濃度［H^+］と水酸化物イオン濃度［OH^-］はそれぞれ何倍に増えるか，記せ。

問3 アラニン塩酸塩水溶液を水酸化ナトリウム水溶液で滴定すると，以下の**ア，イ，ウ**の状態になる点が存在する。それぞれの状態を図中の**あ～お**から選び，そのpHを<u>小数第1位</u>まで求めて記せ。
ア AとBのモル濃度が等しい。
イ BとCのモル濃度が等しい。
ウ AとCのモル濃度が等しい。

問4 アラニンの$-CH_3$が，$-CH_2-CH_2-COOH$に置換されたα-アミノ酸をグルタミン酸とよび，水溶液中で4つの電離状態をとることができる。グルタミン酸塩酸塩水溶液を水酸化ナトリウム水溶液で滴定した際のグルタミン酸1分子あたりの電荷の総和の変化を記せ。

問5 グリシン(等電点6.0)，グルタミン酸(等電点3.2)，およびリシン(等電点9.7)を混合し，pH 9.7 の緩衝溶液を用いて電気泳動した際，陽極に移動するα-アミノ酸の名称を記せ。移動するα-アミノ酸が複数ある場合は該当するすべてのα-アミノ酸の名称を，ない場合は「なし」と記すこと。

問6 グリシン1分子とアラニン1分子が縮合したジペプチドには，鏡像異性体(光学異性体)も含め何種類の異性体があるか，その数を記せ。

タンパク質・ペプチド

▶ 金沢大学

本番想定時間
∨
10分

[解説・解答は本冊122ページ]

次の問いに答えよ。

問1 アミノ酸やタンパク質の検出法について，次の文章を読み，(1)〜(3)の問いに答えよ。

4個のアミノ酸からなるペプチド X のアミノ酸配列決定を行うために**実験1**と**実験2**を行った。

〈ペプチド X〉

(N 末端)　アミノ酸1－アミノ酸2－アミノ酸3－アラニン　(C 末端)

[**実験1**]　キモトリプシンは，ベンゼン環を含むアミノ酸のカルボキシ基側のペプチド結合を加水分解によって切断する酵素である。ペプチド X をキモトリプシンで処理すると2種類の断片(N 末端側から A1 と A2)が得られた。A1 と A2 を用いて【反応Ⅰ】を行うと，A1 は橙黄色を示したが，A2 は呈色しなかった。【反応Ⅱ】を行うと，A2 からは黒色沈殿物が生じたが，A1 からは黒色沈殿物が生じなかった。

[**実験2**]　トリプシンは，側鎖にアミノ基をもつアミノ酸のカルボキシ基側のペプチド結合を加水分解によって切断する酵素である。ペプチド X をトリプシンで処理すると2種類の断片(N 末端側から B1 と B2)が得られた。B1 と B2 を用いて【反応Ⅰ】を行うと，B1 は橙黄色を示したが，B2 は呈色しなかった。【反応Ⅱ】を行うと，B1 からは黒色沈殿物が生じたが，B2 からは黒色沈殿物が生じなかった。

【反応Ⅰ】　濃硝酸を加えて加熱し，冷却後にアンモニア水を加えた。

【反応Ⅱ】　水酸化ナトリウム水溶液を加え加熱したあと，酢酸鉛(Ⅱ)水溶液を加えた。

(1)　【反応Ⅰ】の名称を答えよ。

(2)　【反応Ⅱ】は，何を検出するための反応かを答えよ。

(3)　ペプチド X 中のアミノ酸 1, 2, 3 を以下からそれぞれ 1 つずつ選んで答えよ。

　　フェニルアラニン，システイン，リシン，セリン，アスパラギン酸

問2　味覚について，(1), (2)の問いに答えよ。

　　味覚には，甘味・酸味・塩味・苦味・うま味の 5 種類がある。アミノ酸には甘味・酸味・苦味・うま味をもつものがあり，食べ物の味に関係している。次の(ⅰ)および(ⅱ)の文章が示すアミノ酸の名称をそれぞれ答えよ。

(1)　うま味成分として知られており，うま味調味料として用いられている。昆布に多く含まれている。

(2)　甘味とコクを与えるため，多くの食品に，0.1〜1 % 程度加えられている。最も分子量が小さいアミノ酸である。

酵　素

▶ 信州大学

［解説・解答は本冊127ページ］

　次の文章を読み，以下の問いに答えよ。ただし，原子量はH＝1.0，N＝14とする。

　タンパク質は，多数の（　**ア**　）が（　**イ**　）結合でつながった構造をもつ高分子化合物である。（　**ア**　）だけで構成されるタンパク質は（　**ウ**　）タンパク質，（　**ア**　）のほか，糖やリン酸，色素などで構成されるものは（　**エ**　）タンパク質とよばれる。

　タンパク質によるさまざまな呈色反応が知られている。例えば，タンパク質の水溶液に，水酸化ナトリウム水溶液と硫酸銅（Ⅱ）水溶液を加えて振り混ぜると（　**オ**　）色となる。これはタンパク質分子中の（　**イ**　）結合の部分が銅（Ⅱ）イオンと配位結合を形成し，錯イオンをつくることによる呈色であり，（　**カ**　）反応とよばれる。また，タンパク質水溶液にニンヒドリン水溶液を加えて温めると，ニンヒドリンが（　**キ**　）基と反応することで赤紫〜青紫色を呈する。これらの呈色反応はタンパク質の検出に利用されている。

　一方，タンパク質水溶液に固体の水酸化ナトリウムを加えて加熱すると，タンパク質が分解して①アンモニアが生成する。（　**ウ**　）タンパク質の場合，成分元素の質量含有率はタンパク質の種類によらずほぼ同じであるため，②生成したアンモニアの質量から，食品などのタンパク質含有率を見積もることができる。

　生体内で起こる化学反応の多くは，体温程度の温度で速やかに進行するが，これは各種の触媒の働きによるものである。生体内で働く触媒は，タンパク質で構成されており，酵素と総称する。一般に，酵素は特定の基質にだけ作用する。このような性質を酵素の（　**ク**　）という。例えば，③アミラーゼはデンプンを加水分解する酵素であるが，同じ多糖であっても，セルロースには作用しない。胃液や膵（すい）液の酵素（　**ケ**　）は油脂をモノグリセリドと脂肪酸に加水分解するが，タンパク質の（　**イ**　）結合を加水分解できない。その一方，（　**コ**　）はタンパク質の（　**イ**　）結合を加水分解できる。④酵素反応が起きるとき，まず基質は酵素の活性部位とよばれる特定の部分に結合し複合体を形成する。次に基質は生成物に変換されて酵素から放出される。多くの酵素は，40℃近くまでは，温度が上がると反応速度は大きくな

るが，⑤それ以上の温度では逆に反応速度は急に低下し，60℃以上では，ほとんどの酵素は触媒作用を完全に失う。このように，酵素の触媒作用がなくなることを，酵素の（　**サ**　）という。

問1 空欄（　**ア**　）〜（　**サ**　）にあてはまる適切な語句を答えよ。

問2 下線部①に関連して，アンモニアの生成を確認するためにどのような方法があるか，においをかぐ以外の方法を，40字以内で答えよ。

問3 下線部②に関連して，5.0 g の大豆試料を分解したところ，0.34 g のアンモニアが発生した。アンモニアはすべてタンパク質の分解から生じたとすると，大豆中のタンパク質の含有率は何 %か。計算過程を示して，有効数字 2 桁で答えよ。ただし，タンパク質中の窒素の質量含有率は 16 %とする。

問4 下線部③に関連して，デンプンに酵素アミラーゼを作用させると，以下のとおり，デンプンは重合度が低くなった多糖である A に分解され，やがて二糖の B にまで分解される。B はある酵素によってグルコースまで分解される。次の問い(1)と(2)に答えよ。

　　　　デンプン──→（　A　）──→（　B　）──→グルコース
(1)　A と B の名称をそれぞれ答えよ。
(2)　B をグルコースに分解する酵素の名称を答えよ。

問5 下線部④に関連して，酵素反応における反応速度と基質濃度の関係を図 1 に示す。以下の問い(1)と(2)に答えよ。
(1)　基質の濃度が酵素に対して低い場合(図 1 中(I)の濃度域)，反応速度は基質の濃度の増加にともない増大するが，基質の濃度が酵素に対して十分に高い場合は(図 1 中(II)の濃度域)，基質の濃度を増加させても反応速度はほぼ一定となる。その理由を 40 字以内で答えよ。

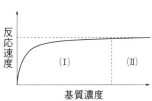

図1　反応速度と基質濃度との関係

(2) 図1の実験条件のうち酵素濃度を半分にしたとき，どのような曲線になるか，図2の**Ⓐ**〜**Ⓒ**から1つ選び，記号で答えよ。点線は酵素濃度が変化する前の曲線を示す。

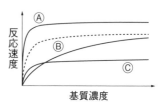

図2　反応速度と基質濃度との関係

問6 下線部**⑤**の現象について，タンパク質の構造に関連して，その理由を40字以内で述べよ。

○ 40字用原稿用紙

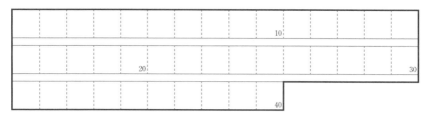

核　酸

▶ 山形大学

[解説・解答は本冊136ページ]

次の文章を読み，以下の問いに答えよ。

　地球上に存在するすべての生物の細胞内には，　ア　とよばれる高分子化合物が存在する。　ア　にはDNAとRNAの2種類が存在し，どちらも五炭糖に塩基とリン酸が結合した　イ　とよばれる構成単位が重合した物質である。DNAは通常，異なる2本のDNA鎖どうしが，(a)特定の塩基対を形成して巻きあわさり，　ウ　構造を形成する。また，DNAの塩基情報を写しとる形でRNAが合成され，そのRNAの塩基配列に基づいてタンパク質が合成される。

　タンパク質はアミノ酸を構成単位とした高分子化合物であり，その溶液は(b)コロイド溶液となる。タンパク質はそのアミノ酸配列によって特定の構造を形成することで，基質特異性の高い触媒機能を発揮することができる。例えば，トリプシンはタンパク質をアミノ酸や　エ　に分解するが，油脂を分解しない。一方，リパーゼは油脂を　オ　と脂肪酸に分解するが，タンパク質には作用しない。

問1 空欄　ア　～　オ　それぞれにあてはまる適切な語句を記せ。

問2 4つの塩基(アデニン(A)，シトシン(C)，グアニン(G)，チミン(T))の構造式を次に示す。この図を参考にして，下線部(a)の塩基対を，水素結合を含む構造式で2組記せ。ただし，形成される水素結合は点線で示すこと。図の波線は塩基と五炭糖との結合部分を示している。

A

C

G

T

問3 DNA または RNA の構成単位の構造式を右に示す。DNA または RNA の場合について，X の部分にあてはまるものを次の①〜⑥から選び，それぞれ記号で記せ。

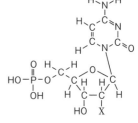

① H   ② CH₃   ③ COCH₃
④ COOH   ⑤ NH₂   ⑥ OH

問4 下線部(b)のコロイド溶液中では，コロイド粒子がたえず不規則な運動をしている。この現象の名称を記せ。また，この現象の主な原因として考えられるものを，次の①〜⑥から1つ選び，記号を記せ。
① コロイド粒子が光の粒子と衝突するため。
② コロイド粒子が光を反射するため。
③ コロイド粒子どうしがたえず衝突しているため。
④ 分散媒分子がコロイド粒子に衝突するため。
⑤ コロイド粒子は比重が水より小さいので，少しずつ浮き上がろうとするため。
⑥ コロイド粒子は比重が水より大きいので，少しずつ沈降しようとするため。

問5 油脂と水酸化ナトリウムを反応させてつくったセッケンの水溶液と，合成洗剤であるアルキル硫酸ナリウムの水溶液がある。それぞれの水溶液に，次の(1)，(2)の操作を行った場合，どのようになると予想されるか。あとの①〜⑥から選び，記号を記せ。
(1) フェノールフタレイン溶液を加える。
(2) 塩化マグネシウム水溶液を加える。
     ① 白色沈殿を生じる。   ② 黒色沈殿を生じる。
     ③ 無色のままである。   ④ 赤色を呈する。
     ⑤ 青色を呈する。   ⑥ 薄い黄色を呈する。

問6 特定の構造を保ったタンパク質の骨格部分の簡略図を右に示す。このタンパク質にみられる二次構造の名称を記せ。また，四角で囲んだ部分の共有結合を担うアミノ酸の名称と，この結合の名称をそれぞれ記せ。

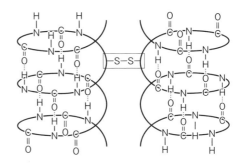

問7 一般に化学反応は高温になるほど反応速度が大きくなるが，タンパク質による酵素反応は高温(60℃)ではほとんど進行しないことが多い。一般的な化学反応の速度が高温で上昇する理由と，酵素反応が高温でほとんど進行しない理由をそれぞれ簡潔に説明せよ。

油　脂

▶ 東京理科大学（理学部第一部）

本番想定時間

20分

［解説・解答は本冊146ページ］

　次の文章を読み，以下の問いに答えよ。ただし，原子量は，H＝1.0，C＝12，O＝16とする。

　油脂は高級脂肪酸とグリセリンのエステルで，動植物に含まれる。天然の油脂を構成する脂肪酸の種類と含有率はさまざまである。油脂X，Y，Zはオリーブ油，ごま油，ひまわり油のいずれかであり，これらの油脂の構成脂肪酸の組成を調べたところ，いずれもA，B，C，D，4種類の脂肪酸のみを含むことがわかった。

　次の **問1** ～ **問5** の ［　ア　］ から ［　コ　］ にあてはまる最も適切な化合物または語句，数値をそれぞれの解答群から1つ選べ。［　サ　］から ［　セ　］については，あてはまる数値を記せ。

問1 Aのみで構成される油脂の分子量は806，Bのみで構成される油脂の分子量は884であった。これよりAは ［　ア　］，Bは ［　イ　］ であることがわかる。

問2 1分子のBに水素1分子を付加するとCに，1分子のDに水素1分子を付加するとBにそれぞれ変換された。これよりCは ［　ウ　］，Dは ［　エ　］ であることがわかる。

［　ア　］ から ［　エ　］ の解答群

① ラウリン酸：$C_{12}H_{24}O_2$
② ミリスチン酸：$C_{14}H_{28}O_2$
③ パルミトレイン酸：$C_{16}H_{30}O_2$
④ パルミチン酸：$C_{16}H_{32}O_2$
⑤ リノレン酸：$C_{18}H_{30}O_2$
⑥ リノール酸：$C_{18}H_{32}O_2$
⑦ オレイン酸：$C_{18}H_{34}O_2$
⑧ ステアリン酸：$C_{18}H_{36}O_2$
⑨ アラキドン酸：$C_{20}H_{32}O_2$
⑩ アラキジン酸：$C_{20}H_{40}O_2$

問3 油脂 X を構成する脂肪酸の物質量比は A : B : C : D = 3 : 10 : 2 : 35 であり，油脂 Y を構成する脂肪酸の物質量比は A : B : C : D = 6 : 35 : 3 : 6 であった。油脂 X は空気中の酸素で酸化されて徐々に固まる性質をもっており，このような油脂を　**オ**　という。一方，油脂 Y は空気中で固化しにくい性質をもっており，このような油脂を　**カ**　という。また，常温で液体であるべに花油のような油脂に，触媒を用いて高温で水素を付加し，常温で固体となるようにした油脂を　**キ**　といい，マーガリンの原料などに使用される。なお，このような操作を行う際に生じる　**ク**　を大量に摂取することは健康に対し悪影響を及ぼすと考えられており，これを含む食品の使用を規制する国が増えている。

オ から **ク** の解答群
① 乾性油　　　② 硬化油　　　③ シス脂肪酸
④ 中鎖脂肪酸　⑤ トランス脂肪酸　⑥ 軟化油
⑦ 半乾性油　　⑧ 不乾性油　　⑨ リン脂質

問4 B のみで構成される油脂のヨウ素価を整数値で表すと　**ケ**　，D のみで構成される油脂のヨウ素価を整数値で表すと　**コ**　である。ヨウ素価は，100 g の油脂に付加するヨウ素の質量〔g〕の数値である。

ケ および **コ** の解答群
① 79　　② 86　　③ 95　　④ 106　　⑤ 158
⑥ 174　　⑦ 192　　⑧ 239　　⑨ 262　　⑩ 321

問5 油脂 Z の平均分子量は 875.1 で，ヨウ素価は 118 であった。また油脂 Z を構成する A の物質量は C の物質量の 2 倍であった。この油脂を構成する脂肪酸すべての物質量を 100% とした場合，A から D の物質量はそれぞれ，A が　**サ**　%，B が　**シ**　%，C が　**ス**　%，D が　**セ**　%である。

　サ　から　**セ**　にあてはまる数値を記せ。ただし，数値は小数点以下を四捨五入して整数で答えるものとし，数値が 1 桁の場合は，十の位には 0 を記せ。

ビニロン

▶ 東海大学（医学部）

本番想定時間

10分

[解説・解答は本冊155ページ]

次の文章を読み，以下の問いに答えよ。ただし，原子量は H＝1.0，C＝12，O＝16 とする。

合成高分子を得るには，モノマーを直接重合するのではなく，別の化合物（合成中間体）としてから最終生成物とする方法がしばしば用いられる。例として，ポリ乳酸やポリビニルアルコールの合成がある。

【ポリ乳酸の合成】

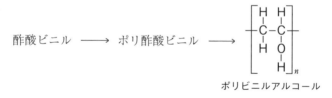

【ポリビニルアルコールの合成】

酢酸ビニル ⟶ ポリ酢酸ビニル ⟶

$$\left[\begin{array}{cc} H & H \\ | & | \\ C - C \\ | & | \\ H & O-H \\ & | \\ & H \end{array}\right]_n$$

ポリビニルアルコール

問1 ポリ乳酸の合成中間体であるラクチド（乳酸の環状二量体：ジラクチド）の構造式を，上記の反応式中の構造式にならって，価標を省略せずに書け。ただし，不斉炭素原子の4つの置換基の立体的な配置については考えなくてよい。

問2 ラセミ体（鏡像異性体の等量混合物）の乳酸から得られるラクチドには何種類の立体異性体が考えられるか。次の中から最も適切なものを1つ選んで，記号を記せ。
A　1種類　　B　2種類　　C　3種類　　D　4種類　　E　5種類

問3 ポリ乳酸に関する A〜E の記述の中で，正しいものはどれか。最も適切なものを 1 つ選んで，記号を記せ。

A　人工透析の透析膜に用いられる。

B　金属に近い電気伝導性を示す。

C　自然界にも存在する高分子である。

D　生体内や自然環境中で，微生物により分解される。

E　水に接触すると，短時間に吸水して保水し数百倍に膨らむ。

問4 ポリビニルアルコールを繊維化（紡糸）したあとにホルムアルデヒド水溶液と反応させると，ポリビニルアルコールのヒドロキシ基の一部が反応してビニロンが得られる。次の(1)と(2)に答えよ。

(1)　ホルムアルデヒドの性質と反応に関する(ア)〜(オ)の記述の中で，正しいものはいくつあるか。A〜F の中から最も適切な数を 1 つ選んで，記号を記せ。

(ア)　ホルムアルデヒドは，催涙性をもち，刺激臭のある気体である。

(イ)　ホルムアルデヒドは，エタノールを酸化すると得られる。

(ウ)　ホルムアルデヒドの環状の三量体は，ホルマリンとよばれる。

(エ)　ホルムアルデヒドとポリビニルアルコールとの反応は，アセタール化とよばれる。

(オ)　ホルムアルデヒドとポリビニルアルコールとの反応は，縮合反応である。

A　0　　B　1　　C　2　　D　3　　E　4　　F　5

(2)　重合度 2.0×10^3 のポリビニルアルコールをホルムアルデヒド水溶液と反応させたところ，平均分子量 9.3×10^4 のビニロンが得られた。このとき，ポリビニルアルコールのヒドロキシ基の何%がホルムアルデヒドと反応したか。次の中から最も近いものを 1 つ選んで，記号を記せ。

A　30%　　B　40%　　C　50%　　D　60%　　E　70%

テーマ
17
ビニロン

Theme 18 ゴ　ム

▶ 広島大学

本番想定時間
12分

[解説・解答は本冊164ページ]

　次の文章を読み，以下の問いに答えよ。ただし，原子量は，H＝1.0，C＝12，O＝16とする。

　私たちの日常生活はさまざまな高分子化合物により支えられている。高分子化合物は，分子量の小さい1種類または数種類の化合物が共有結合で多数つながった大きな分子である。ゴムノキの樹液から得られる(a)天然ゴム（生ゴム）は，2-メチル-1,3-ブタジエン（イソプレン）が　ア　重合したポリイソプレンの構造を有する。(b)生ゴムに数％の硫黄を加えて加熱し弾性を向上させると，有用なゴム材料が得られる。

　イソプレンやイソプレンに構造が類似した1,3-ブタジエンや2-クロロ-1,3-ブタジエン（クロロプレン）を　ア　重合させると合成ゴムが得られる。最も生産量の多い合成ゴムは，スチレンと1,3-ブタジエンとの　イ　重合により得られるスチレン-ブタジエンゴム（SBR）である。(c)アクリロニトリルと1,3-ブタジエンとの　イ　重合により得られるアクリロニトリル-ブタジエンゴム（NBR）は，耐油性に優れた合成ゴムとして工業用品・自動車部品に使用されている。(d)NBR中のブタジエンに由来する炭素-炭素二重結合を水素化すると耐熱性・耐候性に優れた合成ゴムが得られる。

問1 　ア　，　イ　にあてはまる最も適切な語句をそれぞれ記せ。

（構造式の例）

問2 下線部(a)の構造式を，シス-トランス異性体の違いがわかるように例にならって記せ。

問3 下線部(b)について，この操作の名称を記せ。また，硫黄によりゴムの弾性が向上する理由を，「硫黄が」で始めて30字以内で記せ。

問4 下線部(c)について，質量で 14.00 ％の窒素を含有する NBR 100.0 g を合成するために必要なアクリロニトリルと 1,3-ブタジエンの物質量〔mol〕を有効数字 3 桁で求めよ。なお，アクリロニトリルと 1,3-ブタジエンの組成式は C_3H_3N と C_4H_6 である。

問5 下線部(d)について，**問4** の NBR 100.0 g に含まれる炭素−炭素二重結合を完全に水素化するために必要な水素分子(H_2)の標準状態(0 ℃，1.013×10^5 Pa)における体積〔L〕を有効数字 3 桁で求めよ。ただし，水素は理想気体であるとする。

○ 30 字用原稿用紙

硫	黄	が								10									
									20										30

イオン交換樹脂

▶ 上智大学 (理工学部)

本番想定時間

15分

[解説・解答は本冊170ページ]

次の文章を読み，以下の問いに答えよ。

ただし，原子量は，H = 1.0，C = 12，S = 32，Ca = 40 とする。

機能性高分子の一つであるイオン交換樹脂は，水溶液中のイオンを交換するために使用する合成樹脂である。一般に，スチレンに少量の p-ジビニルベンゼン（図）を加えて，　K　重合により共重合させると，ポリスチレン鎖が架橋され，三次元的な網目構造の高分子ができる。これに，スルホ基 $-SO_3H$ を導入したものを，　A　イオン交換樹脂という。また，アルキルアンモニウム基 $-N^+R_3$ を導入したものを　B　イオン交換樹脂という。

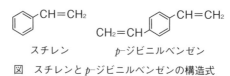

スチレン　　　　　p-ジビニルベンゼン

図　スチレンと p-ジビニルベンゼンの構造式

塩化ナトリウム水溶液を　C　イオン交換樹脂に通すと，水溶液中のナトリウムイオンとイオン交換樹脂中の　L　イオンが交換して，流れてくる溶液は　M　になる。次に，この溶液を　D　イオン交換樹脂に通すと純水が得られる。イオン交換樹脂がイオンを交換する反応は，いずれも　N　反応である。　E　イオン交換樹脂の機能が低下した場合，多量の酸を流すと，その機能はもとに戻る。この操作をイオン交換樹脂の　O　という。

問1　　A　～　E　に該当するイオン交換樹脂は何か。陽イオン交換樹脂には⊕，陰イオン交換樹脂には⊖を記せ。該当する選択肢がない場合は，z とせよ。

問2 ┃ K ┃ ～ ┃ O ┃ にあてはまる語句を，次の(a)～(p)からそれぞれ1つずつ選べ。該当する選択肢がない場合は，zとせよ。

(a) 塩化物   (b) 塩基性   (c) 可逆   (d) 還元
(e) 再生   (f) 酸化   (g) 酸性   (h) 修復
(i) 縮合   (j) 水酸化物   (k) 水素   (ℓ) 脱水
(m) 中性   (n) 中和   (o) ナトリウム   (p) 付加

問3 スチレン52gに物質量比が13：1(スチレン：*p*-ジビニルベンゼン)になるように*p*-ジビニルベンゼンを混合し，共重合して高分子化合物Xを得た。これを濃硫酸でスルホン化すると，高分子化合物X中にあるスチレン由来のベンゼン環のパラ位だけがすべてスルホン化されたイオン交換樹脂Yが得られた。イオン交換樹脂Yは，最大で何g得られるか。有効数字2桁で答えよ。

問4 イオン交換樹脂Zを1.0gはかりとり，カラムにつめた。これに，十分な量の塩化ナトリウム水溶液を流し，完全にイオン交換した。流出したすべての溶液を0.10 mol/Lの水酸化ナトリウム水溶液で滴定したところ，中和点までに加えた水酸化ナトリウム水溶液の体積は20 mLであった。カルシウムイオン200 mgを含む水溶液1.0 L中のすべてのカルシウムイオンをイオン交換するには，イオン交換樹脂Zが少なくとも何g必要か。有効数字2桁で答えよ。

テーマ
19

イオン交換樹脂

Theme
20.

縮合重合系合成高分子

▶ 立命館大学

本番想定時間
∨
20分

［解説・解答は本冊178ページ］

　次の文章を読み，以下の問いに答えよ。ただし，必要に応じて，次の値を用いよ。原子量：H＝1.0，C＝12，O＝16

　私たちの生活に必要不可欠な繊維には，天然繊維，半合成繊維，合成繊維などがある。

　天然繊維としては，羊毛，絹などの動物性繊維や木綿，麻などの植物性繊維が広く知られている。羊毛や絹は，多数の α －アミノ酸が　　ア　　結合で連なったタンパク質を主成分とする高分子化合物である。羊毛は　　イ　　とよばれるタンパク質からなり，システインという α －アミノ酸を比較的多く含むため，システインどうしの　　ウ　　結合によって網目状に結ばれている。また，絹はフィブロインとよばれるタンパク質からなり，(a) グリシン，アラニン，セリンなどの α －アミノ酸を比較的多く含んでいる。

　一方，木綿や麻は，多数の β －グルコース単位が　　エ　　結合で連なったセルロースからなる高分子化合物である。セルロースはヒドロキシ基を多数もつため吸湿性に優れている。セルロースに無水酢酸を作用させて　　オ　　基を導入すると，　　カ　　とよばれる繊維になる。このように，天然繊維の官能基の一部を化学変化させて得られる繊維が半合成繊維である。

　合成繊維は，石油などから得られる低分子量の化合物（単量体）を重合させてつくられる。生産量の多い合成繊維には，アクリル繊維，ナイロン，ポリエステルがある。アクリル繊維の主成分は，アセチレンと(b) シアン化水素から合成した　　キ　　とよばれる単量体を重合してつくられる高分子化合物であり，羊毛に似た肌触りをもっている。ナイロンは，天然繊維である絹の合成を目指して開発された繊維である。その代表的な(c) ナイロン66は，アジピン酸とヘキサメチレンジアミンを重合させてつくられる。また，(d) ナイロン6は ε －カプロラクタム $C_6H_{11}ON$ に少量の水を加えて　　ク　　重合させて得られる。ポリエステルは分子内に多数のエステル結合をもつ高分子化合物で，代表的なものにポリエチレンテレフタラートがある。(e) ポリエチレンテレフタラートは，テレフタル酸とエチレングリコールを重合させてつくられ，強度が大きくしわになりにくい繊維として広く利用されている。

問1 文章中の ［　ア　］，［　ウ　］および［　エ　］にあてはまる最も適当な語句を次の選択肢の中から選べ。

① イオン　　　② 配位　　　③ アミド　　　④ エステル
⑤ エーテル　　⑥ ジスルフィド

問2 文章中の ［　イ　］，［　オ　］および［　カ　］にあてはまる最も適当な語句を次の選択肢の中から選べ。

① アミノ　　　　② アセチル　　　③ ニトロ　　　④ デキストリン
⑤ キュプラ　　　⑥ アセテート　　⑦ アルブミン
⑧ コラーゲン　　⑨ ケラチン　　　⑩ カゼイン

問3 文章中の ［　キ　］にあてはまる最も適当な化合物名を記せ。

問4 文章中の ［　ク　］にあてはまる最も適当な語句を漢字2文字で記せ。

問5 文章中の下線部(a)について，(1)および(2)の問いに答えよ。

(1) セリンの示性式は HOCH₂-CH(NH₂)-COOH で表される。セリンに関する記述として**誤っているもの**を次の中から1つ選べ。

① 1対の鏡像異性体が存在する。
② 水には溶けにくいがエーテルによく溶ける。
③ メタノールと反応してエステルになる。
④ 無水酢酸と反応してエステルになる。
⑤ 無水酢酸と反応してアミドになる。

(2) グリシン，アラニン，セリンの3種類のアミノ酸からなるトリペプチドには構造異性体が何種類考えられるか。その数として最も適当なものを次の中から選べ。

① 3　　　② 6　　　③ 9　　　④ 12
⑤ 15　　⑥ 18　　⑦ 21　　⑧ 24

問6 文章中の下線部(b)のシアン化水素の電子式を，解答例にならって記せ。

（解答例）　　:Ö::C::Ö:

問7 文章中の下線部(c)について，ナイロン66の原料であるアジピン酸は，フェノールを高温・高圧下でニッケルなどの触媒を用いて水素と完全に反応させて化合物Xとし，これを適当な酸化剤で酸化してつくられている。このXの化合物名を化合物命名法に基づいて記せ。

問8 文章中の下線部(d)のナイロン6について，ナイロン6を完全に加水分解して得られる化合物Yは，塩酸にも水酸化ナトリウム水溶液にも溶ける。塩酸に溶けたときの溶液中におけるYのイオン式を，解答例にならって記せ。

（解答例）　$HO-(CH_2)_3-COO^-$

問9 文章中の下線部(e)について，(1)～(3)の問いに答えよ。ただし，テレフタル酸およびエチレングリコールの分子量は166および62である。

(1) ポリエチレンテレフタラートを1000gつくるのに必要なテレフタル酸の理論上の質量〔g〕に最も近い値を下の選択肢の中から選べ。
　　① 564　　② 642　　③ 728　　④ 865　　⑤ 916

(2) 分子量が$5.76×10^4$のポリエチレンテレフタラート1分子中に含まれるエステル結合の個数に最も近い値を下の選択肢の中から選べ。
　　① 200　　② 300　　③ 400　　④ 500　　⑤ 600

(3) ポリエチレンテレフタラート0.474gを適当な溶媒に溶かして$1.0×10^2$mLの溶液をつくった。この溶液を$5.0×10$mLとり，$2.5×10^{-3}$mol/Lの水酸化ナトリウムのエタノール溶液で滴定したところ，1.58mLを要した。このポリエチレンテレフタラートの分子量を求め，有効数字2桁で記せ。ただし，ポリエチレンテレフタラートは1分子あたり1個のカルボキシ基を末端にもち，この条件下では加水分解は起こらないものとする。